全国信息化工程师—NACG 数字艺术人才培养工程指定教材

高等院校数字媒体专业"十二五"规划教材

3ds Max 动漫三维项目制作教程

主 编 吴慧剑 纪昌宁

副主编 倪 勇 尹利平

　　　　费诗伯 程 娟

上海交通大学出版社

内 容 提 要

本书为全国信息化工程师—NACG数字艺术人才培养工程指定教材之一。本书精选19个3D动画影视动画制作的经典案例,全面剖析了3ds Max的各项功能,着重讲解了3ds Max的操作界面、工具栏、视图工具和建模、材质制作、UV贴图、动画、渲染,特效等功能模块,展现了3ds Max在影视动画、游戏三维制作等领域的实际应用,并在实例讲解过程中提炼出3ds Max动漫和游戏的制作领域的实际制作中实用的知识点。

本书可作为各级各类院校影视、动漫、游戏专业的教学用书及培训机构的培训用书,也可供从事影视广告制作、影视特效制作、游戏三维制作、三维动画制作的设计人员和数字艺术爱好者参考。

图书在版编目(CIP)数据

3ds Max 动漫三维项目制作教程/吴慧剑,纪昌宁主编. —上海:上海交通大学出版社,2012
全国信息化工程师-NACG数字艺术人才培养工程指定教材.高等院校数字媒体专业"十二五"规划教材
ISBN 978 - 7 - 313 - 08270 - 1

Ⅰ.①3… Ⅱ.①吴…②纪… Ⅲ.①三维动画软件-高等学校-教材 Ⅳ.①TP391.41

中国版本图书馆 CIP 数据核字(2012)第 184101 号

3ds Max 动漫三维项目制作教程

吴慧剑 纪昌宁 主编

上海交通大学 出版社出版发行
(上海市番禺路 951 号 邮政编码 200030)
电话:64071208 出版人:韩建民
上海锦佳印刷有限公司印刷 全国新华书店经销
开本:787mm×1092mm 1/16 印张:19 字数:492千字
2012 年 8 月第 1 版 2012 年 8 月第 1 次印刷
ISBN 978 - 7 - 313 - 08270 - 1/TP 定价:68.00 元

全国信息化工程师—NACG 数字艺术人才培养工程指定教材

高等院校数字媒体专业"十二五"规划教材

编写委员会

本书编写人员名单

主　编　　吴慧剑　纪昌宁
副主编　　倪　勇　尹利平　费诗伯　程　娟
参　编　　孙洪秀　彭　虹　谢圣飞　聂　森

序

    数字媒体产业在改变人们工作、生活、娱乐方式的同时，也在新技术的推动下迅猛发展，成为经济大国的重要支柱产业之一。包括传统意义的互联网及眼下方兴未艾的移动互联网，无不催生数字内容产业的高速发展。我国人口众多，当前又处在国家战略转型时期，国家对于文化产业的高度重视，使我们有理由预见在全球舞台上，我们必将成为不可忽视的重要力量。

    在国家政策支持的大环境下，国内涌现了一大批动漫、游戏、后期制作等专业公司，其中不乏佼佼者。同时国内很多院校也纷纷开设了动画学院、传媒学院、数字艺术学院等新型专业。工作中我接触到许许多多动漫企业和学校，包括美国、欧洲、日韩的企业。很多企业都被人才队伍的建设与培养所困扰，他们不但缺乏从事基础工作的员工，高级别的设计师更是匮乏。而相反部分学校的学生毕业时却不能很好地就业。

    作为业内的一份子，我深感责任重大。我长期以来思考以上现象，也经常与一些政府主管部门领导、国内外的企业领导、院校负责人探讨此话题。要改变这一现象，需要政府部门的政策扶持、企业单位的参与以及学校的教学投入，需要所有业内有识之士的共同努力。

    我欣喜地发现，部分学校已经按照教育部的要求开展校企合作，引入企业的技术骨干担任专业课的教师，通过"帮、带、传"培养了学校自己的教学队伍，同时积累了丰富的项目化教学经验与资源。在有关部门的鼓励下，在热心企业的支持下，在众多学校的参与下，我们成立编委会，组织编写该项目化教材，希望把成功的经验与大家分享。相信这对于我国数字艺术的教学改革有着积极的推动作用，为培养我国高级数字艺术技能人才打下基础。

    最后受编委会委托，向给予编委会支持的领导、企业界人士、所有编写人员表示深深的感谢。

朱瑜华

2012 年 7 月

前　言

3ds Max 是由 Autodesk 公司推出的三维建模、动画、渲染软件，它界面友好、功能强大、操作简单，在建筑和动画制作领域应用广泛，是当前最流行的三维建模和三维动画制作软件之一。

本书在体例上采用了左右分栏讲解的形式。一栏精选了 19 个 3ds Max 典型的一线制作案例，对这些案例的制作过程进行详细的步骤分析和讲解，涉及建模、材质制作、UV 贴图、动画、渲染、灯光 6 个方面。其中的案例都是作者和相关专业人员多年奋斗在 CG 制作第一线经验的总结。另一栏是对实例制作过程所涉及的软件基本知识和相关知识点的提炼和讲解，可帮助读者全面系统地掌握 3ds Max 的操作。

本书共 88 课时，建议课时分配如下：

章节	内　容	课　时
1	3ds Max 入门技巧	4
2	3D 基础建模艺术	10
3	3D 多边形建模艺术	10
4	3D 材质设置艺术	12
5	3D 灯光与渲染艺术	12
6	3D 贴图制作艺术	24
7	3D 动画制作艺术	16

本书配有多媒体课件，包含了全部实例的制作过程演示和素材。读者使用多媒体课件，配合本书的讲解可以达到事半功倍的效果。多媒体课件可以在以下地址下载：www. jiaodapress. com. cn，www. nacg. org. cn。

本书内容涵盖面广、知识容量大、案例安排合理、实用性强，可以作为各级各类院校影视、动漫、游戏专业的教学用书及培训机构的培训用书，也可供从事影视广告制作、影视特效制作、游戏三维制作、三维动画制作的设计人员和数字艺术爱好者参考。

本书的编写得到了倪里宁、梁郦歌、刘斌、周文的帮助，在此一并表示感谢！

由于时间仓促，加上编者水平和经验有限，书中难免会存在错误和不当之处，敬请广大读者批评指正。

作　者

2012.5

3ds Max 入门技巧

本课学习时间： 4 课时

学习目标： 掌握 3ds Max 简单的制作流程

教学重点： 了解 3ds Max 界面及工具栏工具的简单用法，了解三维动画制作流程

教学难点： 动画的曲线编辑器设定，摄像机位置的调整

讲授内容： 3ds Max 软件简介，3ds Max 打开场景，调整视图，建立摄像机视图，简单场景模型制作，简单动画的设定，简单渲染输出的设置

课程范例文件： \chapter1\神舟火箭.max

本章通过神舟 7 号发射过程演示动画的制作，介绍 3ds Max 制作动画的简单全过程，讲解 3ds Max 打开场景、调整视图、建立摄像机视图进行简单场景模型制作、简单动画的设定和简单渲染输出设置，使读者对 3ds Max 有一个简单而全面的了解。

案例 神舟 7 号发射的过程

知识点：操作界面，工具栏常用工具，视图控制工具，3ds Max 动画制作流程

知 识 点 提 示

3ds Max 软件简介

3ds Max 是美国 Autodesk 公司的电脑三维模型制作和渲染软件，历经很多版本的发展，逐步完善了灯光、材质渲染，模型和动画制作，现广泛应用于建筑设计、三维动画、音视制作等各种静态、动态场景的模拟制作。

3ds Max 是动画、游戏制作以及制作建筑效果图的专业工具，是目前世界上销售量最大的三维软件。

主工具栏常用工具

1. ⊕ Move(移动)

选择一个模型并且对它进行移动操作时，可以根据视图中坐标轴的方向来进行移动，由三个分别为红(X)绿(Y)蓝(Z)三种颜色代替轴的方向，快捷键为〈W〉。需要注意的是，将鼠标放置任意轴向上时，当该轴由本身的颜色变成黄色时才可进行移动。

2. ↻ Rotate(旋转)

选择物体并且进行旋转操作。旋转是根据响应的坐标轴进行的。快捷键为〈E〉。旋转工具的坐标轴呈圆形，当物体旋转时，把鼠标放在相应的圆圈上，当圆盘呈黄色时便可以自由的旋转物体，同时还可以观察到旋转轴上的旋转度数。

操 作 提 示

在使用旋转工具时可以打开角度捕捉器，这样可以更准确地旋转90°。

01 打开 3ds Max 软件

确定已经安装了 3ds Max 软件后，在 Windows 桌面上找到 3ds Max 图标，双击鼠标左键启动 3ds Max，如图 1－1 所示。

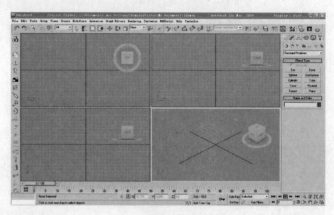

图 1－1

3ds Max 窗口是典型的三维软件界面，布局如图 1－2 所示。

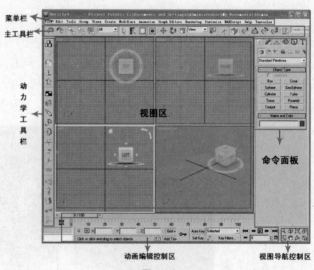

图 1－2

3ds Max 菜单栏下主工具栏(Main Toolbar)，如图 1－3 所示。这个工具栏为大部分常用任务提供了快捷而又直观的图标按钮，其中一些在菜单中也有相应的命

令，但使用工具栏进行操作更为简便快捷。部分工具按钮在 1 152×864 以下的分辨率时被隐藏，只要向左拖动主工具栏就可全部显示，其中的 Move（移动）、Rotate（旋转）、Scale（缩放）是使用频率最高的几个工具。

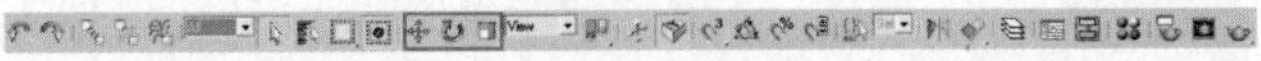

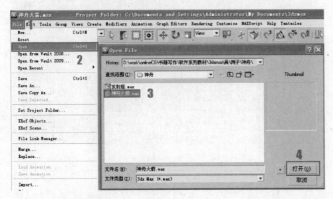

图 1－3

02 打开已经做好的场景

单击 3ds Max 的菜单栏上的 File→Open 命令，打开 File Open（打开文件）对话框，找到本书素材文件“神舟火箭. max”，单击“打开”按钮，如图 1－4 所示。

图 1－4

打开后可以看到场景里有神舟火箭的模型。3ds Max 默认的操作界面提供 4 个视图，可以通过单击每个视图来激活当前视图的操作，如图 1－5 所示。

图 1－5

知 识 点 提 示

3. Scale（缩放）

对选中的物体进行缩放有 3 种方式。快捷键为〈R〉。

（1）等比例缩放：在三个轴向上进行等比例缩放操作，只改变体积大小，不改变形状。

（2）不等比例缩放：在指定的轴向上进行缩放，物体的体积和形状都发生变化。

（3）等体积缩放：在指定的轴向上进行挤压变形操作，物体保持体积不变，但形状发生变化。

使用缩放工具时可以沿着某个轴向对其拉长增厚。

4. Undo（撤销）

5. Redo（恢复）

6. Select Object（选择物体）

7. Select by Name（通过名称选择）

8. Selection Region（选择区域）

提供框选物体时选择区域的方式，共有 5 种：矩形、圆形、围栏、套索、绘制。

9. Window/Crossing（窗口/横跨）

这是个开关式按钮，控制 2 种不同的区域选择方式，主要配合框选方式发生作用。

（1）Window（窗口）：当使用框选方式选择物体时，必须整个物体都在选择框中，物体才能被选择；只有部分物体在选择框中，则

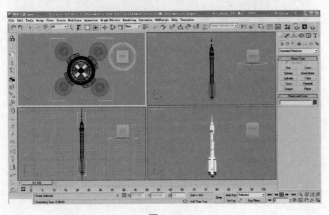

不能被选择。

(2)  Crossing(横跨):当使用框选方式选择物体时,只要物体有部分在选择框中,该物体就能够被选择。

10. View ▾ Reference Coordinate System(参考坐标系)

参考坐标系是三维制作的重点,如何在二维的屏幕上虚拟出三维的物体,就是要靠坐标系指定。灵活地切换使用各种不同功能的坐标系,可以更加方便地制作模型和制作动画。在进行变换操作(移动、旋转、缩放)时,要先确定当前视图的坐标系,再进行相应的操作,这也是最基本的操作过程。

参考坐标系包括以下几种不同功能的坐标系。

```
View        ▾
View
Screen
World
Parent
Local
Gimbal
Grid
─────────
Pick
─────────
```

(1) View(视图坐标系):这是3ds Max 中默认的缺省坐标系统,也是使用最普遍的坐标系统。它是 World(世界坐标系)和 Screen(屏幕坐标系)的结合。在顶视图、前视图、左视图 3 个视图中使用的是屏幕坐标系,而在透视视图中使用的是世界坐标系。

(2) Screen(屏幕坐标系):在所有视图中都有一个与屏幕平行的栅格平面。这个平面上,水平方向为 X 轴向,竖直方向为 Y 轴向,垂直于屏幕的方向为 Z 轴向。需要注意的是,各个不同坐标系的 X, Y, Z 轴的指向不是一致的。

03 进行视图操作

在 3ds Max 操作面板的右下方单击 🔍 按钮后把鼠标放在任意一个视图上,鼠标上移则放大,下移则缩小,可以通过放大和缩小场景来观察模型的细节和全局位置,如图 1-6 所示。快捷键为〈Ctrl〉+〈Alt〉+鼠标中键,或者直接用鼠标滚轮。

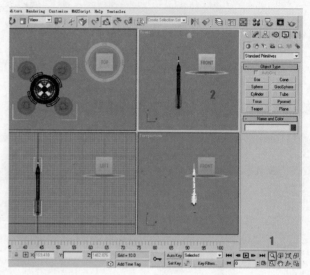

图 1-6

再选中透视图,单击界面右下方的 按钮,可以使屏幕在 4 个视窗和单个选中的视窗之间切换,如图 1-7 所示。快捷键为〈Alt〉+〈W〉。

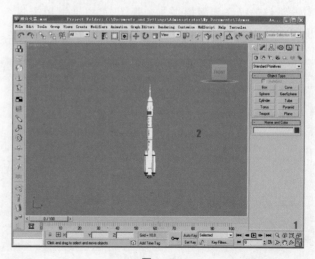

图 1-7

单击 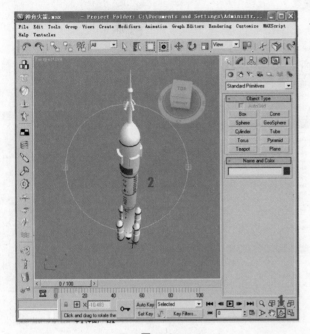（弧形旋转）按钮，在 Perspective（透视视图）里按住鼠标左键并拖动可以进行视窗视图的旋转，如图 1-8 所示。通过旋转可以观察模型各个角度的情况。快捷键为〈Alt〉+鼠标中键（滚轮）。

图 1-8

单击 （平移视图）按钮可以在每个视窗里移动观察视窗，如图 1-9 所示。快捷键为鼠标中键（滚轮）。

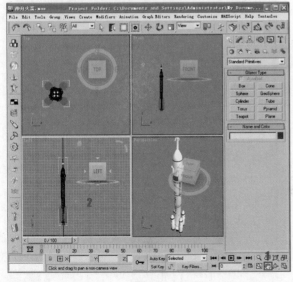

图 1-9

（3）World（世界坐标系）：是 3ds Max 中最基本的坐标系，可以说除屏幕坐标系外，其他坐标系都与它有关。X 轴为水平方向，往右侧为正值，往左侧为负值；Z 轴为垂直方向，往上为正值，往下为负值；Y 轴为垂直于屏幕方向，往屏幕内为正值。这个坐标系在任何视图中都固定不变，以它为坐标可以固定在任何视图中都有相同的效果。

（4）Parent（父物体坐标系）：使用选择物体的父物体的自身坐标系统，这可以让子物体保持与父物体之间的依附关系，在父物体所在的轴向上发生改变。

（5）Local（自身坐标系）：使用物体自身的坐标轴作为坐标系。物体自身轴向可以通过层级命令面板中的调整轴心点的命令进行调解。

（6）Pick（自选坐标系）：通过拾取屏幕中的某一物体，以它的自身坐标轴作为坐标系。使用时，先在视图中单击工作按钮，再单击所指定的相应物体，于是这个物体的坐标轴就变成了当前所应用的坐标系。

视图划分

3ds Max 默认的缺省状态是以 4 个视图的方式显示的，分别是 Top（顶视图）、Front（前视图）、Left（左视图）、Perspective（透视视图）。

执行 Customize → Viewport Configuration（自定义→视图设置）命令，在对话框中单击 Layout（布局）标签，可以在 Layout 选项卡中根据自己的需要选择视图划分方式。

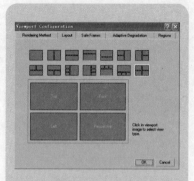

不管在什么情况下,视图的形状都为方形,在 4 个视图的左上角都显示本视图的显示类型。在 3ds Max 的所有显示视图中,只有一个是当前激活视图;也就是说,无论有几个视图,用户同时对一个视图进行操作。激活视图的特征是方形视窗周围带有一层黄色的镶边。在 3ds Max 中,当对工具进行操作的同时,也将当前的视图激活,不要进行其他步骤。

视图控制工具

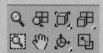

打开 3ds Max 后,在界面的右下角有 8 个图形按钮,用于控制视图的视图控制工具。

1. 🔍 Zoom(缩放)

单击按钮后,鼠标会变成放大镜图标。按住鼠标左键上下拖动,可以进行视图显示的缩放。

2. Zoom All(同步放缩)

单击按钮后,按住鼠标左键进行上下拖动,在所有的标准视图内进行缩放显示。

单击 按钮可以将视窗中的物体最大化显示,快捷键为〈Alt〉+〈Z〉。恢复原来视角状态的快捷键为〈Shift〉+〈Z〉。

04 合并物体到场景中

观察一下视窗里的物体,发现火箭少了一个底座,可以把原来做好的一个底座合并进来。执行 File→Merge 命令,在弹出的 Merge File 对话框中选择素材文件"底座.max",单击"打开"按钮,如图 1 - 10 所示。

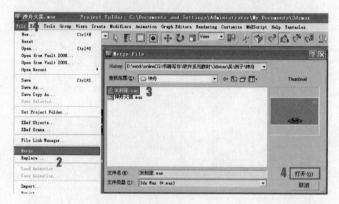

图 1 - 10

在弹出的对话框中列出很多物体的名称,选择发射座物体,单击 OK 按钮,将其合并进 3ds Max 场景中,如图 1 - 11 所示。

图 1 - 11

05   创建地面物体

观察场景中的物体 2，发现少了地面，可以简单地创建一块地面。单击 Create（创建）命令面板中的 Geometry（几何体）选项，选取 Plane（平面）按钮，在顶视图上按住鼠标左键拖出，如图 1－12 所示。

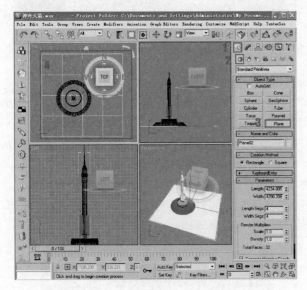

图 1－12

06   修改地面物体

一般物体创建时不会一次成功，经修改后才能达到需要的效果。选中刚创建的地面物体，单击 Modify 修改命令面板，按图 1－13 所示设置 Plane 的参数。使用工具栏上的 移动工具，分别在顶视图和前视图上移动到如图 1－14 所示的位置。

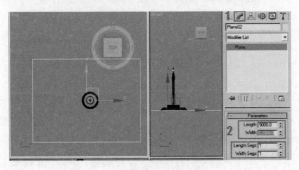

图 1－13

3.   Zoom Extents（最大化显示）

将视图内所有的物体以最大化的方式显示在当前的视图中。

Zoom Extents Selected（当前物体最大化显示）

将所选择的当前物体以最大化的方式显示在当前的视图中。

4.   Zoom Extents All（全部视图最大化显示）

将所有的物体以最大化的方式显示在所有的标准视图内。

Zoom Extents All Selected（当前物体全部视图最大化显示）

将所选择的物体以最大化的方式显示在所有的标准视图内。

5.   Region Zoom（区域放大）

在视图中使用鼠标左键框选，然后将它放大显示。

6.   Pan（平移）

单击鼠标后，鼠标会变成手掌图标，按住鼠标左键拖动，可以进行平移观察。

7.   Arc Rotate（弧形旋转）

只用于控制 User（用户视图）和 Perspective（透视视图），围绕视图中的景物进行视点的旋转。在进行旋转观察时，当前视图会出现一个圆圈，在圈内的旋转可以进行全方位的旋转，而在圈外的旋转只能进行当前平面的旋转。

8.   Min/Max Tooggle（最小/最大化显示）

将当前激活的视图切换为全屏幕显示方式。快捷键为〈Alt〉+〈W〉。

视图类型

在 3ds Max 中,视图的类型有很多种,大致可以分为标准视图、摄影机视图、灯光视图、图解视图、栅格视图、实时渲染视图和扩展视图等,其作用和显示形态各有不同。

1. 标准视图

主要用于视图中的编辑操作,分为正视图、透视图和用户视图。通常的造型编辑工作都是在这些视图中完成。正视图是来自于 6 个正方向的投影视图,包括 Top(顶视图)、Bottom(底视图)、Front(前视图)、Back(后视图)、Left(左视图)、Right(右视图),它们两两对应。在这里为了更快捷地在视图之间切换,可以使用快捷键,即每个视图的首字母作为相应视图的快捷键。

另外还有 User(用户视图)和 Perspective(透视视图)。它们具有灵活的可变性,可以观察三维形态的物体结构。唯一的区别是 User(用户视图)不产生透视效果,它是一种正交视图,当中的物体不会发生透视形变;而 Perspective(透视视图)带有透视效果,可以自由地移动观察角度来观察物体。

2. 摄影机和灯光视图

专门用于场景的制作,一般最后的场景渲染都是在摄影机视图中完成的。灯光视图只能对聚光灯发生作用。如果在场景中同时存在多个摄影机或聚光灯的话,可以通过选择框来选择需要作为观察视图的摄影机或者聚光灯。

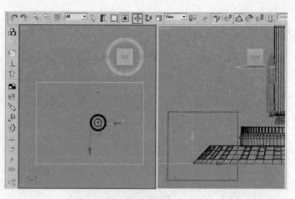

图 1-14

移动时可以将鼠标放在某个轴上,这时那个轴就会变成黄色。

在 Plane 物体被选中时,可以在控制面板中对平面的名称和显示颜色进行设置。将这个平面物体名字设为"地面"。对名字的有效管理会对以后的操作带来很大的帮助。然后单击其旁边的 Object Color(对象颜色)设置框,选择蓝色。此时地面在视窗中以蓝色显示,如图 1-15 所示。

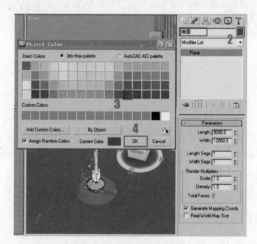

图 1-15

07 给地面物体制作材质

现在地面物体没有材质,不够真实,接下来为地面设置一个材质。选择地面物体,单击工具栏上的 📷(材质编辑器)按钮,打开材质编辑面板(快捷键为〈M〉)。单击一个空白材质球,选中材质球下方的 📷 按钮,将材质指定给选定的对象,如图 1-16 所示。

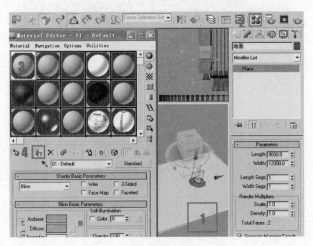

图 1-16

单击材质编辑器 Diffuse（漫反射）右侧颜色块旁边的方形小按钮，弹出一个材质纹理浏览窗口，在这里可以对 3ds Max 材质贴图进行设定。选择 Bitmap，单击 OK 按钮，如图 1-17 所示。

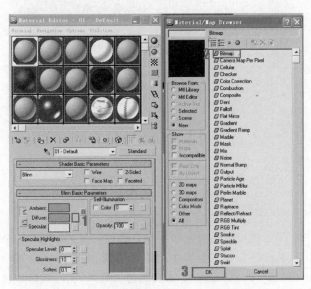

图 1-17

在弹出的对话框中选择"地面.jpg"图片，单击"打开"按钮，如图 1-18 所示。

这时已经为地面指定了一张贴图，但现在场景中看不到，必须单击材质编辑器中的 ☑（在视窗中显示贴图）按钮，这样就能够看到材质效果了，如图 1-19 所示。

3. 图解视图

将物体图解浮动框以视图方式显示出来。

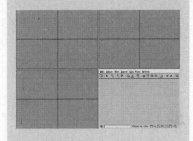

4. 实时渲染视图

可以在视图中直接渲染所编辑的效果。

5. 扩展视图

有 Asset Browser（资源浏览器）和 Max Script Listener（Max 脚本语言监听器）2 种窗口，作用和图解视图大致一样。

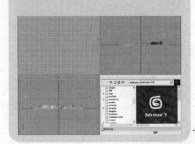

Asset Browser(资源浏览器)

Max Script Listener(Max 脚本语言监听器)

视图显示类型

可以通过鼠标右键单击视图区左上角的视图类型来自由改变视图中游戏角色和场景模型的显示方式,提高 3ds Max 的显示精度或显示速度。

标准显示方式

在默认的缺省状态下,前、左、顶 3 个视图是以 Wireframe(线框)方式进行显示,而透视视图则是以 Smooth + Highlight(光滑 + 高光)方式进行显示。可以通过〈F3〉键切换,也可以根据实际需要来使用显示方式。3ds Max 有以下几种显示类型。

1. Smooth + Highlight (光滑 + 高光)

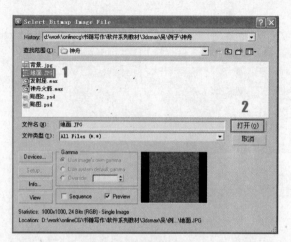

图 1 - 18

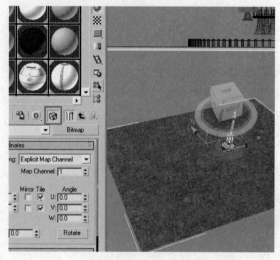

图 1 - 19

08　设置摄像机

摄影机可以从特定的观察点表现场景。3ds Max 摄影机对象模拟现实世界中的静止图像、运动图片或视频摄影机,可以使场景产生逼真的透视效果,也可以保存角度。一般场景都需要设置摄像机。

单击 创建命令面板上的 (摄影机)按钮,在顶视图上创建一个 Target 目标摄影机,如图 1 - 20 所示。

选中透视图后按下〈C〉键,把透视图设为摄像机视图。再在其他视图里调整摄像机的起始点和目标点,最后调整视图,如图 1 - 21 所示。

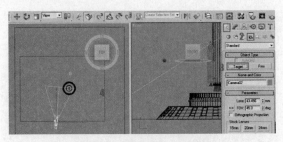

图 1－20

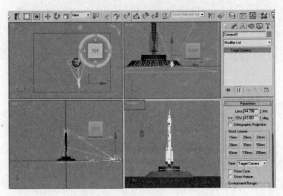

图 1－21

09　设置灯光

　　灯光是三维动画制作流程中非常重要的一环，决定着整个环境的气氛。现在为场景设置几盏标准灯光。

　　单击 创建命令面板上的 （灯光）按钮，选择 Standard（标准灯光），在顶视图上创建一个目标聚光灯，如图 1－22 所示。

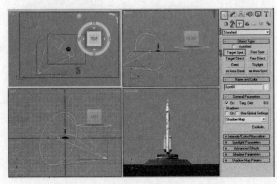

图 1－22

　　使用 移动工具调整灯光的起始点和目标点的位置，在修改命令面板中设置灯光强度、颜色和内外光圈范围、阴影等。设置好的效果如图 1－23 所示。

2.　Wireframes（线框）

3.　Facets＋Highlights（面＋高光）

4.　Facets（面）

5.　Bounding Box（边界盒）

6. Wireframes(高光边框)

7. Edged Faces(线面组合显示)

8. Smooth(光滑)

透明显示方式

在视图的快捷菜单中,还可以设置透明的显示品质,只要模型指定了带有透明的材质,就会在当前的视图中显示透明的效果。有3种显示效果:Best(最佳)、Simple(简单)和None(无)。

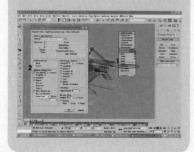

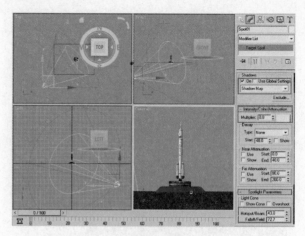

图 1-23

10　设置火箭发射动画

在 3ds Max 中设置动画的基本方式非常简单。可以设置任何对象变换参数的动画以随着时间改变其位置、旋转和大小。几乎所有的动作都可以设置动画,只要先打开 Auto Key(自动记录关键帧)按钮,就会记录任何改变。

在摄像机视图中左上角的 Camera01 处单击鼠标右键,选择 Show Safe Frame(显示安全框),这样能够显示在摄像机视图中真正需要渲染的画面,如图 1-24 所示。

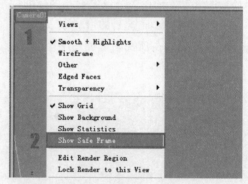

图 1-24

在界面的右下角打开 Auto Key 按钮,此时按钮显示为红色,将时间滑块拖到第 100 帧,如图 1-25 所示。

图 1-25

在前视图中将火箭向上沿 Y 轴拖动,一直到看不见为止,如图 1 – 26 所示。

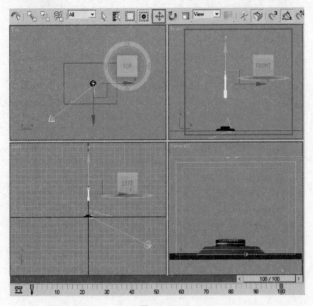

图 1 – 26

激活摄像机视图,单击 ▶(播放动画)按钮,便可以看到整个动画过程,如图 1 – 27 所示。

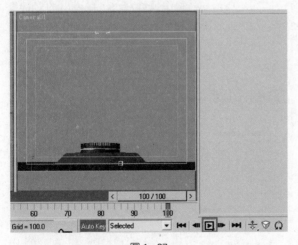

图 1 – 27

11　使用曲线编辑器调整火箭发射动画

如果对火箭发射动画不满意,需要动画有所变化,可以打开菜单栏里的曲线编辑器来进行调整。可以按图 1 – 28 所示进行调整。

在物体的快捷属性设置面板中,也可以对模型自身的显示属性进行设置,包括一个特殊的 See Though(透视)设置,可以像透视一样显示被它所遮住的其他模型,即使这个模型没有指定透明材质,也可以透过它看到其他模型。

纹理贴图显示方式

在模型上可以直接表现出纹理贴图,包括指定的外部图像和内部的程序贴图,这对纹理坐标的适时调节非常有帮助。这样就可以把制作好的贴图放置到相应的模型上去,察看最后的合成效果。

控制面板

视图区右侧的面板为 3ds Max 的命令面板区,里面包含了 3ds Max 几乎所有的创建、编辑修改命令,以及层级关系限制、动画控制器限制、显示控制和插件控制等。

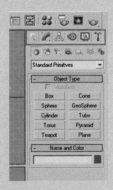

命令面板区有 Create(创建)命令面板、Modify(修改)命令面板、Hierarchy(层级)命令面板、Motion(运动)命令面板、Display(显示)命令面板、Utilities(程序)命令面板。

Create(创建)命令面板

创建命令面板下又根据创建

类型的不同,分为 7 个创建分区:Geometry(几何)、Shape(图形)、Light(灯光)、Cameras(摄影机)、Helper(辅助物体)、Space Warps(空间扭曲)、System(系统)。

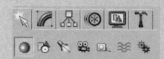

Modify(修改)命令面板

物体在创建的同时,就拥有了各自的基本参数。要对这些参数或者物体的形态进行编辑或修改时,就要进入修改命令面板,增加相应的修改命令来完成。

修改命令面板主要有这样几种功能:改变现有物体的创建参数;使用修改命令调整一组物体或者单独物体的几何外形;次物体级别的选择和参数修改;删除选择;转换参数物体为可编辑物体。

Hierarchy(层级)命令面板

层级命令面板主要用于调节物体之间的相互联结的层级关系,通过连接工具,可以在物体与物体之间建立父子连接关系。当对父物体进行变换操作(比如移动、旋转)时,子物体也同时会受到影响。

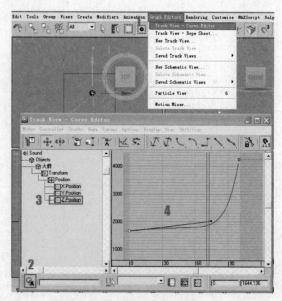

图 1 - 28

12 制作预览动画

通过播放按钮看到的往往不是最真实的动画,特别是比较大的场景,在不能实时运算的情况下,一般需要制作预览动画对动画效果进行观察。执行 Animation(动画)→Make Preview(制作预览)命令,在弹出的对话框中如图 1 - 29 所示设置好参数后,单击 Create 按钮进行渲染。3ds Max 会将当前在视图上显示的画面渲染生成一个动画。

图 1 - 29

生成动画后,3ds Max 会自动播放。如果不能播放的话,3ds Max 默认将渲染文件放在 3ds Max 程序文件夹的 previews 文件夹内。

13 设置渲染背景图片

这个场景的背景有些单调,可以在渲染时为其设置一个星空背景。按〈8〉键打开 Environment and Effects (环境与特效)对话框,单击 None 环境贴图按钮,在弹出的对话框中选择 Bitmap,如图 1-30 所示。

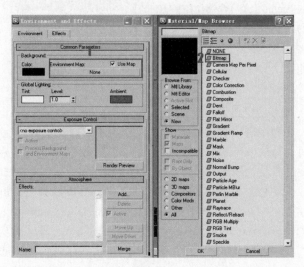

图 1-30

在弹出的对话框中,选择"背景. jpg"文件,单击"打开"按钮,如图 1-31 所示。

图 1-31

父子连接关系并非是简单的一对一连接,许多子物体可以分别连接到相同或者不同的父物体上,建立各种复杂的复合父子连接。

Motion(运动)命令面板

运动命令面板提供了对选择物体的运动进行控制的各种工具,可以控制物体的运动轨迹,以及为物体指定各种动画控制器,并且对各个关键点的信息进行编辑操作。它主要配合 Track View(轨迹视图)来一同完成对动作轨迹的控制和修改编辑。

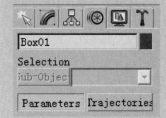

Display(显示)命令面板

显示命令面板主要用于控制场景中各种物体的显示情况,通过显示、隐藏、冻结等控制来更好地完成模型和动画的制作。

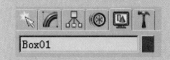

Utilities(程序)命令面板

程序命令面板提供了非常多的外部程序,用于完成一些特殊的操作。在默认情况下,只列出了 9 个项目。当单击 More(更多)按钮后,会弹出列有完整程序的对话框,其中包含了所有应用程序的项目。

（配置）按钮是用来设置程序命令面板的,按下它可以弹出配置按钮设置对话框。在默认情况下为 9 个,最多可以设置 32 个面板。

14 保存文件

所有的制作都完成后我们需要保存当前的场景文件。在制作过程中如果场景复杂还需要多次保存,以免出现非正常现象。不过 3ds Max 默认提供了 3 个自动保存文件,每隔几分钟就会自动保存一次。

选择 File(文件)菜单下的 Save(保存)命令,在弹出的对话框中输入神舟火箭文件名,单击"保存"按钮,如图 1-32 所示。

图 1-32

15 渲染动画效果

刚刚进行的预览操作,只是快速观察动画效果,有些灯光材质效果预览是无法实现的。要看到最终效果,需要进行渲染输出。

在主工具栏中单击 Render Setup(渲染场景)按钮,在 Time Output 选项组中选中 Active Time Segment 0To100,在 Output Size 选项组中选择渲染尺寸 Width 为 720,Height 为 576。单击 Render Output File 选项的 File(文件)按钮,弹出 Render Output File 窗口,选择输出路径,设置文件格式为 AVI。在文件名对话框中输入"神舟动画",单击"保存"按钮,如图 1-33 所示。

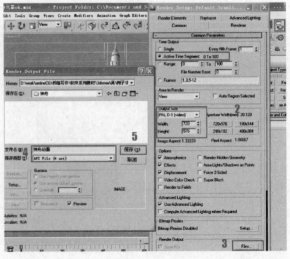

图 1-33

最终渲染效果如图 1－34、图 1－35 所示。

图 1－34

图 1－35

3ds Max

动漫三维项目制作教程

本章小结

　　本章引领读者进入 3D 的世界,通过神舟飞船动画的实例把三维动画的制作过程进行全方位的展示,包括文件的打开、合并,模型的创建和修改,贴图的设置和修改,背景的设置,动画的设置、预览、渲染等,使读者了解和掌握三维动画的概念。以下的章节将在各个方面通过具体的实例讲解三维动画的制作过程。

课后练习

❶ （平移视图）按钮可以在每个视窗里移动观察视窗,其快捷键为（　　　）。

    A. 鼠标中键（滚轮）   B. 鼠标左键

    C. 鼠标右键   D. 〈Alt〉+ 鼠标中键（滚轮）

❷ 在材质编辑器中,在视窗中显示贴图的按钮是（　　　）。

    A.　　　　　　　B.　　　　　　　C.　　　　　　　D.

❸ 3ds Max2009 软件中选择区域的类型有（　　　）种。

    A. 4   B. 5   C. 6   D. 7

❹ （　　　）是 3ds Max 默认的轴心点控制方式。

    A. Use Pivot Point Center（使用自身轴心）

    B. Use Selection Center（使用选择集轴心）

    C. Use Transform Coordinate Center（使用坐标系轴心）

    D. Use World Center（使用世界坐标轴心）

3D 基础建模艺术

2

本课学习时间：10 课时

学习目标：熟悉 3ds Max 基本功能与操作，掌握基础建模知识

教学重点：三维建模方法的合理运用，以及各种建模方式的综合运用

教学难点：各种修改器和参数的合理设置

讲授内容：3D 静物的制作，马灯的制作，天平的制作

课程范例文件夹：\chapter2\基础建模.rar

本章主要学习三维制作软件 3ds Max 基础建模部分的知识。通过几个日常生活可见的物体的建模制作让读者了解 3ds Max 中基础建模的方法和制作过程，包括简单几何体组合建模，二维对象转三维对象建模，挤压、倒角、车削等修改命令的建模方法，放样建模和布尔运算的建模方法，以及将各种方法综合运用的建模。通过这一章的学习，使读者能够对三维建模有个初步的了解，打开三维制作的大门。

本章课程总览

案例一　3D 静物的制作

案例二　马灯的制作

案例三　天平的制作

2.1 3D 静物的制作

知识点：几何体组合建模，车削修改器建模，倒角修改器建模，挤压命令建模

图 2-1

制作思路

小木凳制作步骤

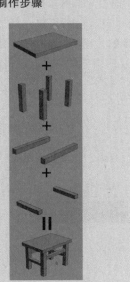

静物一 小木凳 (图 2-2)

图 2-2

01

　　首先制作这组静物的第一个物体。在创建控制面板处的 ⊙ 几何体一栏中选择 Box （长方体），在顶视图区中创建一个长宽如图 2-3 所示的长方体，并将创建好的 Box 沿 Z 轴向上移动一点，如图 2-4 所示。

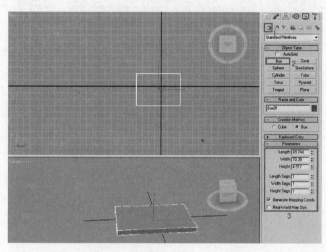

图2-3

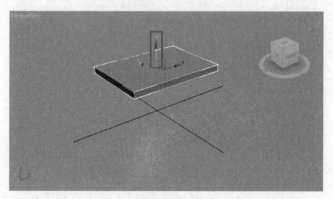

图2-4

02

　　选择创建面板 ⊙ 中的 Box ，在前视图中再创建一个新的长方体，参数设置如图 2-5 所示。

知识点提示

复制对话框

　　Copy（复制）：将物体 A 复制出另一个"物体 A"，而被复制的与复制出的没有任何关系。

　　Instance（关联复制）：复制物体 A 后，对物体 A 进行修改，被复制出的"物体 A"则也会随着物体 A 的改变而改变。

　　Reference（参考复制）：复制一个受原物体影响的物体，并且指定为参考属性。

　　Number of Copies（复制数量）：可以在旁边的数值栏中输入想要复制出物体的数量。

　　Name（名称）：根据当前选择的物体名字而进行复制。

主工具栏常用工具

　　▥ 轴心点控制：轴心点是用来定义物体变换操作时中心点的位置。

　　▥ Use Pivot Center（使用自身轴心）：使用选择物体自身的轴心点作为变换的中心点。如果同时选择了多个物体，则针对各自的轴心点进行变换操作。

　　▥ Use Selection Center（使用选择集轴心）：使用所选择的物体的公共轴心作为变换的基准，这样可以保证选择集合之间不会发生相对的变化。

Use Transform Coordinate Center(使用坐标系轴心)：使用当前坐标系统的轴心作为所有选择物体的轴心。

Snap Toggle(捕捉开关)：在创建和变换物体或者子物体时，可以帮助捕捉集合物体的特定部分，同时还可以捕捉栅格、切线、中心和轴心点等其他选项。对物体进行变换操作(移动、旋转、变换)，并放在捕捉点周围，鼠标就会自动吸附到该捕捉点上。

2D Snap(二维捕捉)：在当前视图中捕捉栅格平面上的曲线点或者是无厚度的表面造型上的点。对于有体积的造型或者是三维物体将不予捕捉，通常用于平面图案的绘制。

2.5D Snap(二点五维捕捉)：这是介于二维和三维空间的捕捉方案，它是将三维空间的特殊项目捕捉到二维平面上。

3D Snap(三维捕捉)：直接在三维空间中捕获三维物体。

Angle Snap Toggle(角度捕捉开关)：用于设置进行旋转操作时的角度间隔。一般普通的旋转工具适合大多数的操作，但对于要求某个固定角度倍数的旋转就不方便了。如 30°、45°、60°等固定角度的倍数的旋转，这时打开该工具，一般系统默认的角度变化间隙是 5°。

Angle Snap Toggle(角度捕捉开关)：用于设置进行旋转操作时的角度间隔。一般普通的旋转工具适合大多数的操作，但对于要求某个固定角度倍数的旋转就很不方便。

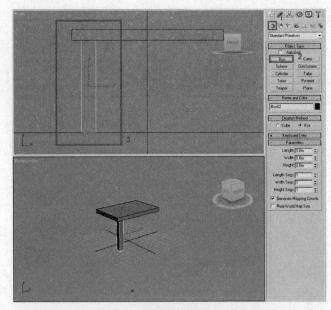

图2-5

在顶视图上，使用主工具行上的 ⊕ (移动工具)将创建的 Box2 沿 Y 轴方向移动到如图 2-6 所示的位置。

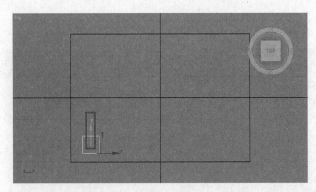

图2-6

在顶视图中，按住〈Shift〉键，再按住鼠标左键将 Box2 沿 Y 轴方向移动至如图 2-7 所示后的位置，松开鼠标左键。在弹出的对话框中选择 Instance(关联)选项，单击 OK 按钮，如图 2-7 所示。这样另外一条凳腿也复制出来。

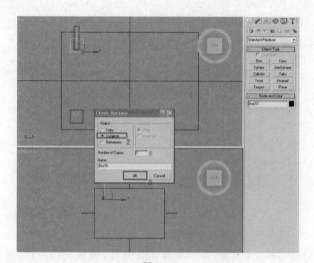

图2-7

03

在顶视图中选中 Box2 和 Box3,按住〈Shift〉键,再按住鼠标左键向 X 轴方向移动到如图 2-8 所示的位置,松开鼠标左键。在弹出的对话框中选择 Instance 选项,单击 OK 按钮,复制出其他 2 条凳腿。

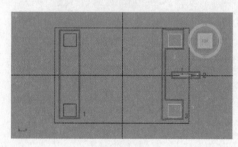

图2-8

04

在前视图中创建一个新的 Box6,制作凳子的横杠,如图 2-9 所示。

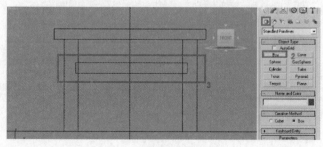

图2-9

Mirror(镜像):对于选择的一个或者多个物体产生各自的镜像物体。镜像物体可以选择使用不同的复制方式,同时也可以选择使用不同的坐标平面进行镜像。还可以用于围绕当前坐标系中心镜像当前选择的对象。

创建面板(几何体)

Box 长方体　　Cone 圆锥
Sphere 球体　　GeoSphere 几何球
Cylinder 圆柱　Tube 管状体
Torus 圆环　　　Pyramid 四棱体
Teapot 茶壶　　Plane 平面

创建面板(图形)

Line 线　　　　Rectangle 矩形
Circle 圆　　　 Ellipse 椭圆
Arc 弧　　　　 Donut 圆环
NGon 多边形　 Star 星形
Text 文本　　　 Helix 螺旋线
Section 截面

在透视图中发现 Box6 的位置不正确,转换到左视图中选中 Box6,将它移动到如图 2-10 所示的位置。

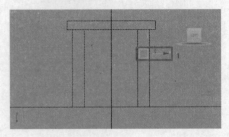

图 2-10

选中 Box6,按住〈Shift〉键,再按住鼠标左键沿着 X 轴方向移动到如图 2-11 所示的位置,松开鼠标左键,在弹出的对话框中选择 Instance 选项,单击 OK 按钮,复制出另外一条横杠。

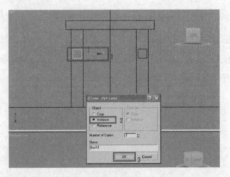

图 2-11

05

在左视图中再创建一个新的长方体 Box8,制作另一端的小横杠,如图 2-12 所示。

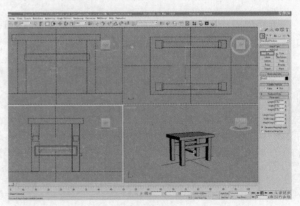

图 2-12

在前视图中将 Box8 移动到如图 2-13 所示的位置。

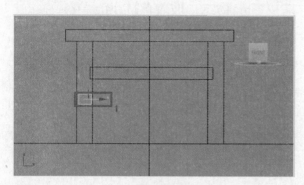

图 2-13

选中 Box8,按〈Shift〉键,再按住鼠标左键移动到如图 2-14 所示的位置,松开鼠标左键,在弹出的对话框中同样选择 Instance 选项,单击 OK 按钮。最后在透视图中看到小木凳模型,如图 2-15 所示。

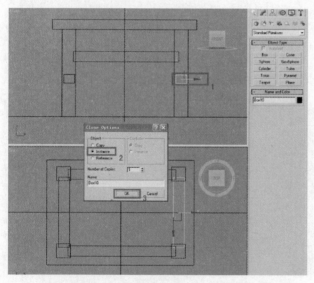

图 2-14

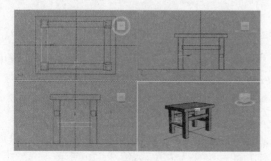

图 2-15

制 作 思 路

玻璃鱼缸制作步骤

车削命令

知 识 点 提 示

在顶点模式下选中样条线上的点，单击快捷菜单可以改变点的性质。

Bezier Corner
Bezier ✓
Corner
Smooth

Bezier Corner(拐角贝兹点)

提供控制柄，并允许两侧的线段成任意的角度。

Bezier(贝塞尔曲线)

通过顶点产生一条平滑、可调整的曲线。通过在每个顶点拖动鼠标来设置曲率的值和曲线的方向。

Corner(角点)

产生一个尖端。样条线在顶点的任意一边都是线性的。

静物二　玻璃鱼缸(图 2-16)

图 2-16

01

选择创建面板下的 ⚬（基本图形）中的 [Line] 按钮，在前视图中勾画出鱼缸的左侧轮廓，如图 2-17 所示。

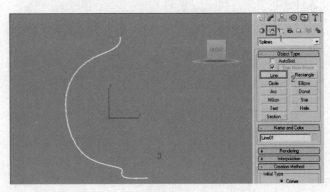

图 2-17

02

选中图中的点，单击鼠标右键，在弹出的对话框中选择 Bezier(贝塞尔曲线)命令，如图 2-18 所示。

修改该点的贝塞尔曲线，使缸身圆滑点，如图 2-19 所示。

选中图中的点，将它转换为 Bezier Corner(拐角贝兹点)，使它的一头变为尖角，如图 2-20 所示。

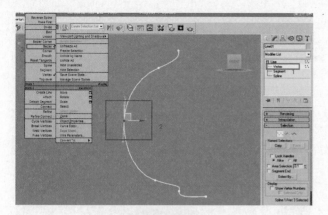

图 2 - 18

图 2 - 19

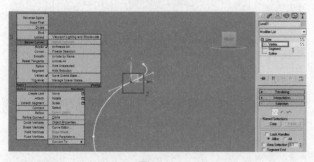

图 2 - 20

使用该点上的线段对其进行调整,如图 2 - 21 所示。

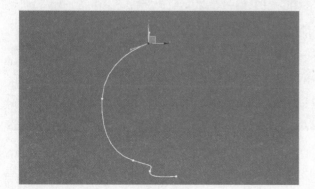

图 2 - 21

Smooth(平滑)

通过顶点产生一条平滑、不可调整的曲线。由顶点的间距来设置曲率的数量。

Lathe(车削)

Lathe 建模的原理类似于旋转操作,使二维图形以一个轴向旋转,进而生成三维对象,常用于创建管状体、柱状体、球体,如花瓶、杯子、灯泡等。

Outline(轮廓):制作样条线的副本,所有侧边上的距离偏移量由"轮廓宽度"微调器(在"轮廓"按钮的右侧)指定。选择一个或多个样条线,然后使用微调器动态地调整轮廓位置,或单击"轮廓"然后拖动样条线。如果样条线是开口的,生成的样条线及其轮廓将生成一个闭合的样条线。

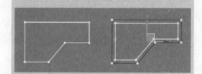

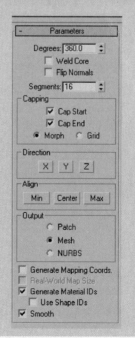

Degrees(度数):确定对象绕轴旋转多少度,范围 0～360。默认值是 360。

Weld Core(焊接内核):通过将旋转轴中的顶点焊接来简化网格。

Flip Normals(翻转法线):图形上顶点的方向和旋转方向,旋转对象可能会内部外翻。切换"翻转法线"复选框来修正。

Segment(分段):在起始点之间,确定在曲面上创建多少插值线段。

Cap Start(封口始端):对车削对象的起始点封口。

Cap End(封口末端):对车削对象的末端封口。

X/Y/Z:相对对象轴点,设置物体的旋转方向。

Min(最小)/Center(中心)/Max(最大):将旋转轴与图形的最小、中心或最大范围对齐。

鼠标右键常用命令

针对不同创建的物体,鼠标右键的子命令也会跟着不一样,但是主命令栏是不会改变的。

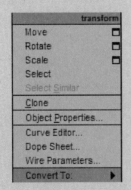

Move:移动。

Rotate:旋转。

Scale:缩放。

Select:选择。

选择图中的点,单击鼠标右键,在快捷菜单中选择 Smooth(圆滑)命令,如图 2-22 所示。调整该点的位置,如图 2-23 所示。

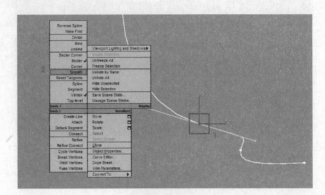

图 2-22

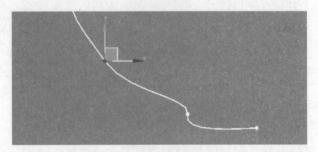

图 2-23

选择图中的点,单击鼠标右键,在快捷菜单中选择 Corner(角点)命令,将其调至如图 2-24 所示的位置。

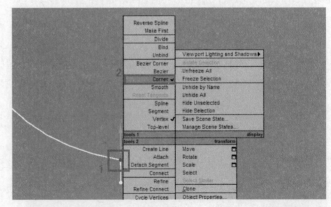

图 2-24

选择 Vertex(点),在修改面板的次层级面板中找到

Refine(加点)命令,为曲线加点,并调整如图 2 - 25 所示的位置。

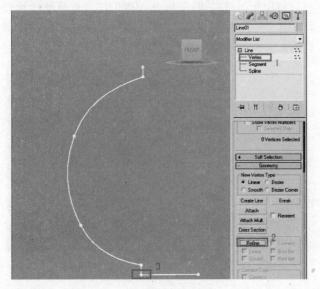

图 2 - 25

03

选择 Line(线)菜单中的 Spline(曲线),在次层级面板中设置 Outline(轮廓线)为 2.0,如图 2 - 26 所示调整点的位置。

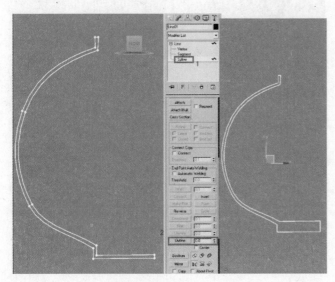

图 2 - 26

Clone:克隆。

Object Properties:对象属性。

Curve Editor:曲线编辑器。

Dope Sheet:摄影表。

Wire Parameters:关联参数。

Convert To:转换为。

```
Convert to Editable Spline
Convert to Editable Mesh
Convert to Editable Poly
Convert to Editable Patch
Convert to NURBS
```

Convert to Spline:转换为可编辑样条线。

Convert to Editable Mesh:转换为可编辑网格。

Convert to Editable Poly:转换为可编辑多边形。

Convert to Editable Patch:转换为可编辑面片。

Convert to NURBS:转换为NURBS样条曲线。

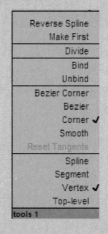

Recerse Spline:反转样条线。

Make First:设为首顶点。

Divide:拆分。

Bind:绑定。

Unbind:取消绑定。

Bezier Corner:Bezier 角点。

Corner:角点。

Smooth:平滑。

Spline:样条线。

Segment:线段。

Vertex:顶点。

Top-level:顶层级。

Unfreeze All:全部解冻

Freeze Selection:冻结当前选择。

Unhide by Name:按名称取消隐藏。

Unhide All:全部取消隐藏。

Hide Unselected:隐藏未选定对象。

Hide Selection:隐藏当前选择。

Save Scene State:保存场景状态。

Manage Scene States:管理场景状态。

04

选中画好的曲线,在修改面板中的下拉菜单中选择Lathe(车削)命令,如图2-27所示。结果如图2-28所示。

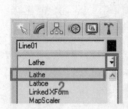

图2-27　　　　　　　图2-28

选中创建的物体,在Lathe命令的轴的对齐方式里选择Max(最大),在视图区中显示如图2-29所示。

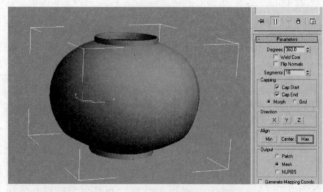

图2-29

05

如果对形状不满意,也可以进入下一层级Line层级里进行调整,同时还可以打开 Ⅱ (显示最终方式)按钮,边看最终效果边调整,如图2-30所示。

调整好后在透视图中看到水缸的形状如图2-31所示。

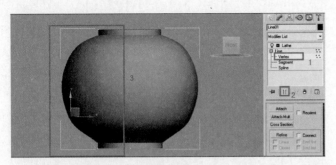

图 2 - 30

图 2 - 31

静物三　指示牌的制作(图 2 - 32)

图 2 - 32

01

在前视图中使用创建面板中 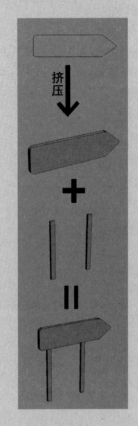 （基本图形）下的

制 作 思 路

指示牌制作步骤

挤
压

＋

＝

知 识 点 提 示

Extrude(挤压建模)
　　挤出建模就是利用 Extrude
(挤出)修改器将闭合的二维样条
线和曲线转化成三维实体。

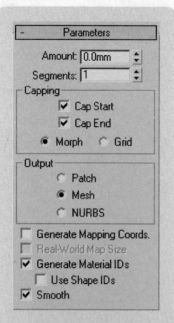

Amount(数量):设置挤出的厚度。

Segments(分段):指定要在挤出对象中创建线段的数量。

Cap Start(封口始端):在挤出对象始端生成一个平面。

Cap End(封口末端):在挤出对象末端生成一个平面。

Morph(变形):在一个可预测、可重复的模式下安排封口面,这是创建渐进目标必需的。

Gird(栅格):在图形边界上的放行修剪栅格中安排封口面。

Patch(面片):产生可以折叠到面片对象中的物体。

Mesh(网格):产生可以折叠到网格对象中的物体。

NURBS:产生可以折叠到NURBS对象中的物体。

Generate Mapping Coords(生成贴图坐标):将贴图坐标应用到挤出对象中。

Real-World Map Size(真实世界贴图大小):使用世界坐标系。

Rectangle(矩形)创建一个多边形线框,并转换为可编辑样条线,如图2-33所示。

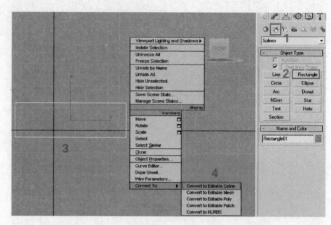

图2-33

选择右侧的2个点,在次层级面板中选择Chamfer(倒角),设置此矩形的最大值,如图2-34所示。

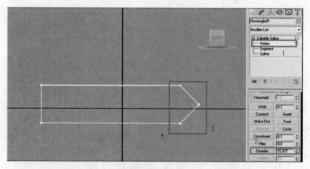

图2-34

框选突出的顶点,在次层级面板中设置Weld(合并)参数为10,这时点变成1个点。单击Vertex(点),选中头部的3个点,在修改面板中设置Fillet(圆角)为3,如图2-35所示。

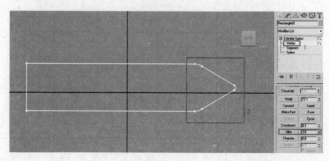

图2-35

再选中尾部的 2 个点，同样使用 Fillet 命令，设置 Fillet 参数为 5，如图 2－36 所示。

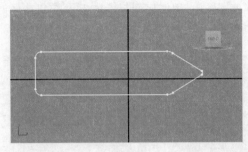

图 2－36

02

在修改面板中为线框添加 Extrude(挤压)命令，如图 2-37 所示。

图 2－37

在修改面板下的参数面板中将 Amount(数值)设置为 7。在透视图中可以看到刚才的多边形线框现在已经变成一个三维的多边形，如图 2－38 所示。

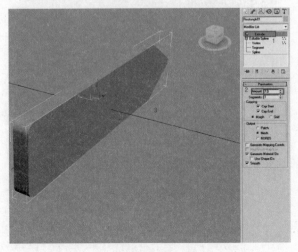

图 2－38

Generate Material IDs(生成材质 ID)：将不同的材质 ID 指定给挤出对象的侧面与封口。

Use Shape IDs(使用图形 ID)：指定给对象的材质 ID 值，或使用挤出曲线中的曲线子对象。

Smooth(平滑)：将平滑应用于挤出图形。

鼠标右键常用命令

Create Line：创建线。

Attach：附加。

Detach Segment：分离线段。

Connect：连接。

Refine：细化。

Refine Connect：细化连接。

Cycle Vertices：循环顶点。

Break Vertices：断开顶点。

Weld Vertices：焊接顶点。

Fuse Vertices：熔合顶点。

03

在前视图中,用创建面板中的 Box 按钮在做好的箭头多边形下创建一个 Box,如图 2-38 所示。

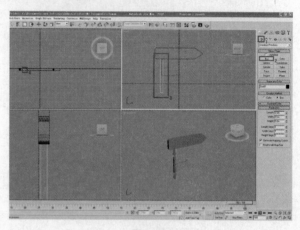

图 2-39

按〈Shift〉键沿着 X 轴方向将 Box1 复制到如图 2-40 所示的位置,在弹出的对话框中选择 Instance 选项,单击 OK 按钮。

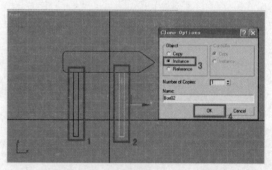

图 2-40

在透视图中可以看到指示牌的样子。如图 2-41 所示。

图 2-41

静物四 六角形图 (2 - 42)

图 2 - 42

01

选择创建面板 中的 NGon (多边形),在顶视图中创建一个六边形的线框,如图 2 - 43 所示。

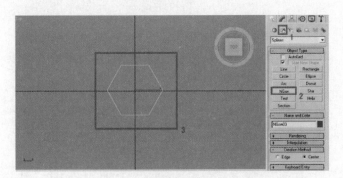

图 2 - 43

02

在修改面板下中将 Sides(边)设置为 3,如图 2 - 44 所示。

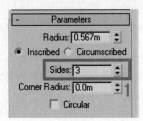

图 2 - 44

制 作 思 路

六角形的制作步骤:

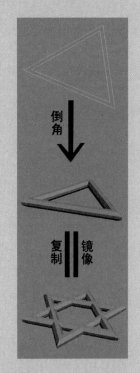

倒角命令 (Bevel)

　　Bevel(倒角)命令常用与创建三维文本和徽标,可用于任意二维对象。将二维对象挤出为三维对象并在边缘应用平或圆的倒角。

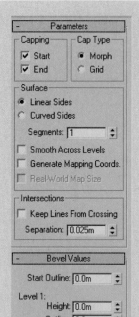

Start（始端）：用对象的最低局部

Z值（底部）对末端进行封口。

End（末端）：用对象的最高局部Z值（顶部）对末端进行封口。

Morph（变形）：为变形创建适合的封口曲面。

Grid（栅格）：在栅格图案中创建封口曲面。

Level 1（级别 1）：包含 2 个参数，它们表示起始级别之上的距离。

Height（高度）：设置级别 1 在起始级别之上的距离。

Outline（轮廓）：设置级别 1 的轮廓到起始轮廓的偏移距离。

Level 2（级别 2）：在级别 1 之后添加一个级别。有 2 个选项。

修改后视图中的六边形变成了三角形。选中三角形，单击鼠标右键，选择 Convert to（转换到）→Convert To Editable Spline（转化到可编辑曲线）命令，如图 2 - 45 所示。

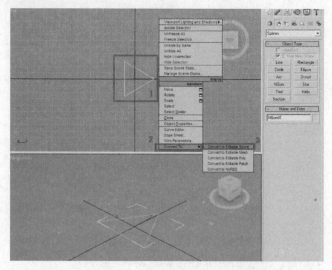

图 2 - 45

在修改面板栏中选择 Editable Spline（可编辑曲线）菜单下的 Spline（曲线），再选中顶视图中的三角形，如图 2 - 46 所示。

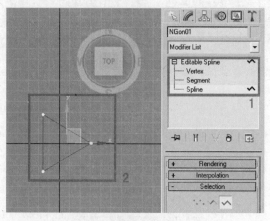

图 2 - 46

单击修改命令面板上的 Outline（轮廓）命令。在选中的三角形上拖拉，可以发现线条由单线变成双线了，如图 2 - 47 所示。

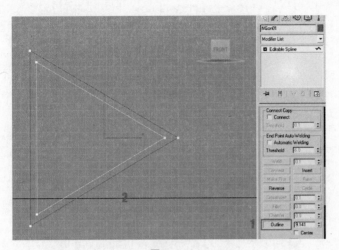

图 2－47

Height（高度）：设置级别 1 之上的距离。

Outline（轮廓）：设置级别 2 的轮廓到级别 1 轮廓的偏移距离。

Level 3（级别 3）：在前一级别之后添加一个级别。有 2 个选项。

Height（高度）：设置到前一级别之上的距离。

Outline（轮廓）：设置级别 3 的轮廓到前一级别轮廓的偏移距离。

03

在修改面板中添加 Bevel（倒角）命令，如图 2－48 所示。

图 2－48

在修改面板下的参数设置栏中选择 Bevel Values（倒角参数），并如图 2－49 所示设置 Level 1、Level 2、Level 3 的参数。通过透视图区可以看到开始的三角形面已经变成立体的三角形框，如图 2－50 所示。

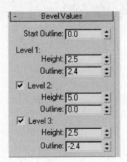

图 2－49

图 2-50

04

在主工具栏中单击 （镜像）工具，在弹出的对话框中如图 2-51 所示设置参数，然后单击 OK 按钮。

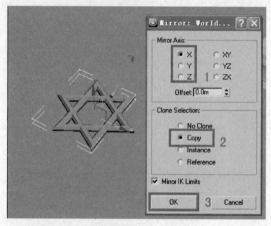

图 2-51

在透视图中可以看到六角形，如图 2-52 所示。

图 2-52

2.2 马灯的制作

知识点：车削建模，编辑样条线建模，放样建模，挤压建模，截面命令，弯曲命令

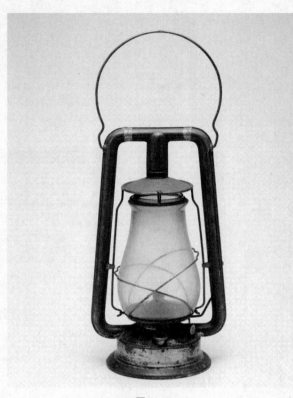

图 2 - 53

01

制 作 思 路

在制作马灯模型之前，先学习一下将素材图片导入视图背景的操作。首先，激活前视图，然后执行 Views（视图）→Viewport Background（视图背景）→Viewport Background（视图背景）命令，如图 2 - 54 所示。弹出视图背景对话框，如图 2 - 55 所示。

单击 File（文件）按钮，在"选择背景图像"对话框中选择素材图片，再单击"打开"按钮，如图 2 - 56 所示。

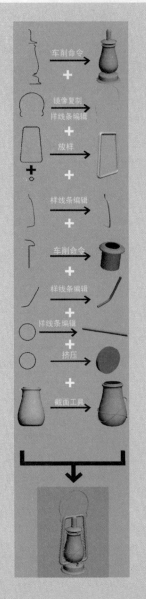

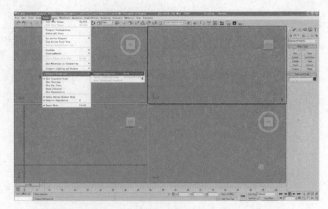

图 2 - 54

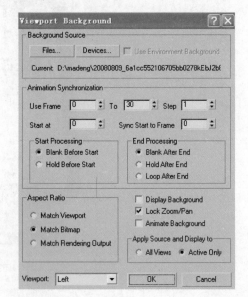

图 2 - 55

背景视图

　　"选择背景图像"对话框可用于选择视口北京的文件或文件序列。也可以将一组按顺序编号的文件转化为图像文件列表（IFL）。这与 IFL 管理器工具使用的操作过程相同。

图 2 - 56

　　在"视图背景"对话框中，选中 Match Bitmap（匹配位图）选项，再选中 Look Zoom/Pan（锁定缩放/平移）选项，最后单击 OK 按钮。此时的位图将会作为视图的背景。这样设置图片在视窗中会随着视窗的大小自动适合并锁定缩放，如图 2-57 所示。

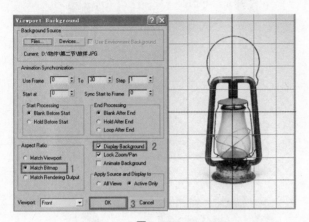

图 2-57

02

　　打开主工具栏上的 （2.5 维捕捉器），选择创建面板 下的 Line （线），在前视图中照参考背景马灯的中心主体由上至下描绘出模型的轮廓。由于打开了2.5 维捕捉器，可以在第一个点画好后按快捷键〈S〉，这样可以保证在后面画的线段不受网格的影响。在画最后一个点时，可以按〈S〉键打开 2.5 维捕捉器，如图 2-58 所示。由于线的 2 个端点都捕捉了网格，能够保证 2 个端点在同一垂直线上。

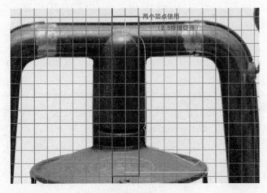

图 2-58

　　描出马灯的灯罩，如图 2-59 所示。
　　描出马灯的底座，如图 2-60 所示。

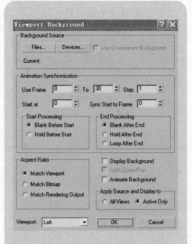

　　Backgound Source（背景源）：使用这些选项可以从位图图像文件、视频文件中选择背景图像。

　　Files（文件）：为背景选择单独文件或文件序列。

　　Devices（设备）：使用数字设备中的背景。

　　Animation ynchronization（动画同步）：控制图象序列如何与视口同步，以便进行对位。

　　Aspect Ratio（纵横比）：有 3个选项。

　　Match Viewport（匹配视口）：更改图像的纵横比以匹配视口的纵横比。

　　Match Bitmap（匹配位图）：锁定图像的纵横比为位图本身的纵横比。

　　Match Rendering Output（匹配渲染输出）：更改图像的纵横比以匹配当前选择的渲染输出设备的纵横比。

　　注意：选择"匹配位图"或"匹配渲染输出"选项时，3ds Max 会将图像置于中心，并清除视口的边缘，将其设置为背景色。

　　Display Background（显示背景）：起用视口中背景图像或动画的显示。

Look Zoom/Pan(锁定缩放/平移):在正交视口或用户视口中进行缩放和平移操作过程中,将背景锁定至几何体。在缩放或平移视口时,背景会随视口一起缩放和平移。当禁用时,背景会停留在原来位置,而几何体则会单独移动。快捷键为〈Ctrl〉+〈Alt〉+〈B〉。

注意:如果放大得太多,会超过虚拟内存的限制,而且会使 3ds Max 崩溃。当执行的缩放要求大于 16 兆字节的虚拟内存时,软件会发出警告询问是否在缩放过程中显示背景。选择"否",则执行缩放并禁用背景;选择"是",则在带有背景图像的情况下缩放,这可能会使你的电脑耗尽内存。

Animate Background(动画背景):启用背景动画。在场景中显示背景视频的适当帧。

Apply Source and Display to (应用源并显示于):有 2 个选项。

All Views(所有视图):为所有视图指定背景图像。

Active Only(仅活动视图):仅为活动视口指定背景图像。

操 作 提 示

在创建一些有角度并硬朗的图形时,可以尝试用 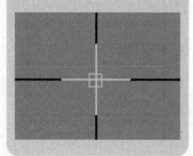 (2.5 维捕捉器)。

当启用这个工具时,在视图区中会发现有个蓝色的图标,而它随着鼠标的移动会自动找到网格线的相交处。

图 2 - 59

图 2 - 60

03

选择顶盖的曲线,打开修改面板中命令面板,单击 Spline(曲线),在次层级面板中设置 Outline(轮廓)为 5.0,如图 2 - 61 所示。调整形状,如图 2 - 62 所示。

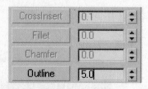

图 2 - 61

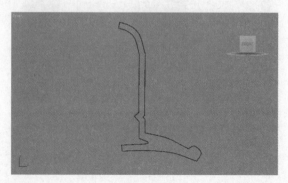

图 2 - 62

添加 Lathe(车削)命令,结果如图 2-63 所示。

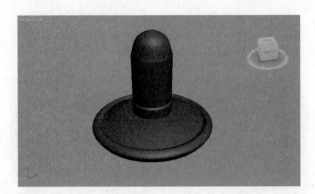

图 2-63

04

同样,选择灯罩的曲线,设置 Outline(轮廓)为 2.0,如图 2-64 所示。

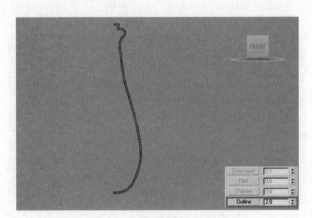

图 2-64

添加 Lathe(车削)命令,结果如图 2-65 所示。

图 2-65

知识点提示

Lathe(车削)命令

在之前的 2.1 节第二个例子中介绍了车削的功能和车削修改器的参数。在这里以马灯为例,介绍在制作过程中会遇上的一些小问题:

(1)度数:确定对象轴旋转多少度,一般默认值是 360°,范围是 0°～360°。可以给"度数"设置关键点来设置车削对象圆环增强的动画。"车削"轴自动将尺寸调整到与要车削图形同样的度数。

(2)轴向(X/Y/Z):若使用车削命令后在视图区中发现被车削的物体并不是自己所想要的(如图 2-51 中的黑圈),那么可以试着改变当前的轴向,从而达到自己所想要的效果,并在 Axis(轴)中通过移动视图中的轴向去改变被车削物体的体形。

(3)翻转法线(Flip Normals):被车削物体被放置到满意位置时,有的时候会发现被车削物体表面是黑色,那么就是代表翻转法线的错误。可以选中 Flip Normals(翻转法线)来达到正确的表面色。

放样(Loft)

放样建模就是截面图形在一段路径上形成轨迹,截面图形和路径的相对方向取决于两者的法线方向,放样时截面图形沿着法线方向从路径的起点向终点放样。路径可以是封闭的,也可以是开放的。开放的路径只能有一个起点和一个终点,即路径不能是 2 段以上的曲线。

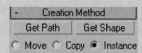

Get Path（拾取路径）：将路径指定给选定图形或更改当前指定的路径。

Get Shape（拾取图像）：将图形指定给选定路径或更改当前指定的图形。

Move/Copy/Instance（移动/传志/实例化）：用于指定路径或图形转换为放样对象的方式。可以移动，但这种情况下不保留副本，或转换为副本或实例。

Smooth Length（平滑长度）：沿着路径的长度提供平滑曲面。当路径曲线或路径上的图形更改大小时，这类平滑非常有用，默认情况下，该复选框处于选中状态。

Smooth Width（平滑宽度）：围绕横截面图形的周界提供平滑曲面。当图形更改顶点数或更改外形时，这类平滑非常有用。默认情况下，该复选框处于选中状态。

Apply Mapping（应用贴图）：起用和禁用放样贴图坐标，必须选中

05

最后画马灯底座的曲线，设置 Outline 为 7.0，如图 2-66 所示。

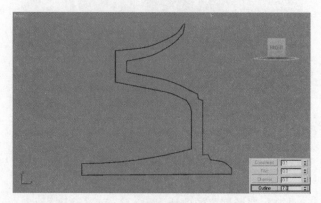

图 2-66

添加 Lathe（车削）命令，结果如图 2-67 所示。

图 2-67

06

选择创建面板 中的 Rectangle（矩形），在前视图中创建 1 个矩形，并转化为可编辑样条线，如图 2-68 所示。

选中 4 个顶点，单击鼠标右键，选择 Corner（角点）并调整各个顶点的位置，使图形与支架的形状匹配，如图 2-69 所示。

选择图中上边的 2 个点，在样条线的修改命令面板上使用 Fillet（圆角）命令进行操作，参数设为 20，如图 2-70 所示。

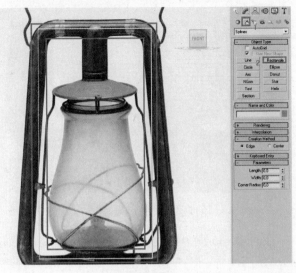

图 2-68

图 2-69

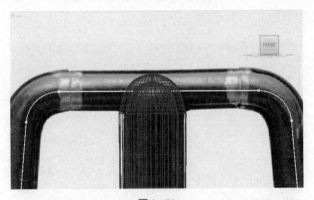

图 2-70

选择图中下边的 2 个顶点，同样使用 Fillet（圆角）命令进行操作，参数设为 30，如图 2-71 所示。

该复选框，才能设置 Mapping（贴图）选项组中的其他选项。

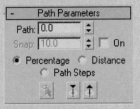

Path（路径）：通过输入参数值或调整微调按钮设置路径的级别。如果 Snap（捕捉）选项可用，Path 的参数值将变为上一个捕捉的增量。

Snap（捕捉）：用于设置路径与图形之间的恒定距离。该捕捉值依赖于所选择的测量方法。更改测量方式也会更改捕捉值，但保持捕捉间距不变。

On（启用）：如果选中复选框，Snap 选项可用。默认情况下，不选中该复选框。

Percentage（百分比）：将路径级别表示为路径总长度的百分比。

Distance（距离）：将路径级别表示为路径第一个顶点的绝对距离。

Path Steps（路径步数）：将图形置于路径步数和顶点上，而不是作为沿着路径的一个百分比或距离。

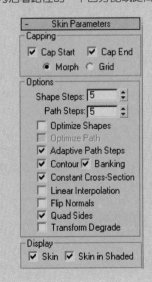

Cap Start(封口始端):如果选中该复选框,则路径第一个顶点处的放样端被封口;如果不选中,则放样端为打开或不封口状态。默认情况下是选中该复选框的。

Cap End(封口末端):如果选中该复选框,则路径最后一个顶点处的放样端被封口;如果不选中,则放样端为打开或不封口状态。默认情况下是选中该复选框的。

Morph(变形):按照创建变形目标所需的可预见且可重复的模式排列封口面。变形封口能产生细长的面。与采用栅格封口创建的面一样,这些面也不进行渲染或变形。

Grid(栅格):在图形边界处修剪的矩形栅格中排列封口面。此方法将产生一个由大小均等的面构成的表面,使用其他修改器很容易地使这些面变形。

Shape Steps(图形步数):设置横截面图形的每个顶点之间的步数。该值会影响围绕放样边界的边的数目。

Path Steps(路径步数):设置路径的每个主分段之间的步数。该值会影响沿放样长度方向的分段的数目。

编辑样条线

编辑样条线建模是通过创建顶点连成线段,最终形成样条线。样条线用于构成物体形态,它可以是闭合方式或者非闭合方式。利用 Edit Spline(编辑样条线)修改器可以修改样条线。该修改器包裹顶点、线段、样条线 3 个层级。

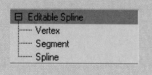

图 2 - 71

在创建面板 中创建一个圆形和一个矩形,如图 2 - 72 所示。

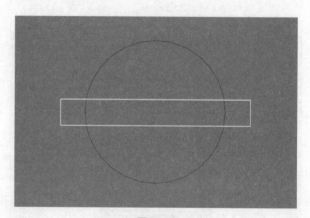

图 2 - 72

选中矩形,在修改面板中将 Corner Radius(圆角半径)设为 2.5,如图 2 - 73 所示。

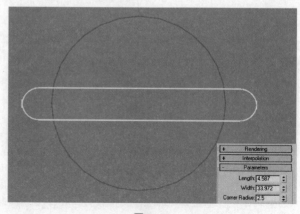

图 2 - 73

选择圆环,将其转换为可编辑样条线,使用次层级修改面板中的 Attach(附加)命令,选中修改后的矩形线框,如图 2-74 所示。

图 2-74

在修改面板中选择 Spline(曲线),再在次层级面板中使用 Trim(剪切)命令,将多余的线段剪切掉,如图 2-75 所示。

图 2-75

在创建面板几何体下拉式菜单中选择 Compound Object(复合对象)。选中先前画好的支架形状曲线,并单击复合对象面板中 Loft(放样)按钮,如图 2-76 所示。

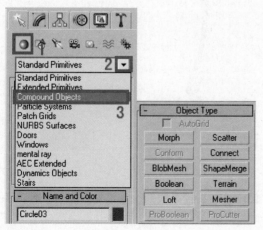

图 2-76

添加 Editable Spline 修改器后,部分参数如下图。这些参数作用于对象的所有层级。

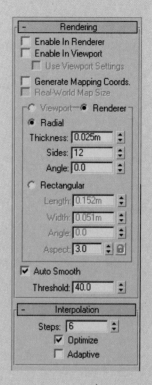

Enable In Renderer(在渲染中启用):在渲染时启用厚度、边数和角度。

Enable In Viewport(在视口中启用):在视图中启用视口厚度、边数和角度。

Use Viewport Settings(使用视口设置):使用视口设置厚度、边数和角度。

Generate Mapping Coords(生成贴图坐标):在使用贴图时产生坐标。

Real-World Map Size(真实世界贴图大小):按照真实世界的贴图大小来贴图。

Viewport(视口):用于设置视口厚度、边数和角度。仅在启用 Enable In Viewport 和 Vse Viewport Settings

后,此单选按钮才可用。

　　　　Renderer(渲染):用于设置渲染器的厚度、边数和角度。

Radial(径向)

　　　　Thickness(厚度):用于设置样条线渲染启用时的厚度。

　　　　Sides(边):用于设置启用渲染厚度的边,边越多越精细。

　　　　Angle(角度):用于设置样条线的角度。

Rectangular(矩形)

　　　　Length(长度):用于设置渲染矩形样条的长度。

　　　　Width(宽度):用于设置渲染矩形样条线的宽度。

　　　　Angle(角度):用于设置样条线的角度。

　　　　Aspect(纵横比):用于设置宽与高的比率。

　　　　Auto Smooth(自动平滑):有一个选项。Threshold(阈值)用于设置以度数为单位的阈值角。如果法线之间的角小于阈值的角,则可以将任何两个相接表面输入相同的平滑组。

　　　　Steps(步数):设置步数值,有急剧起伏曲线的样条线需要设置高步数值才能显得平滑,而平缓曲线则需要设置较少的步数。

　　　　Optimize(优化):选中该复选框,可以得到最佳的可能结果。

　　　　Adaptive(自适应):选中该复选框,可以从对象上移除一个细节层次。

截面命令

　　　　这是一种特殊类型的对象,它可以通过网格对象基于横截面切片生成其他形状。截面对象显示为相交的矩形。只需将其移动并

　　　　单击 Get Shape(获取图形)按钮,在视图中拾取圆形图形,如图 2-77 所示。

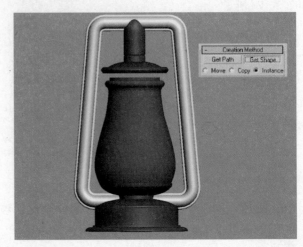

图 2-77

07

　　　　制作马灯的提手。选择创建面板中的 Line 按钮,在前视图中创建一条曲线,如图 2-78 所示。

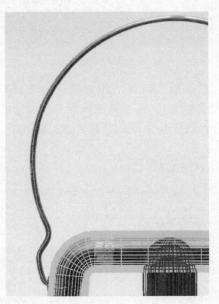

图 2-78

　　　　使用主工具栏中的镜像工具对其进行镜像并关联复制,如图 2-79 所示。

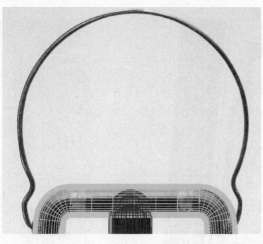

图 2-79

旋转即可通过一个或多个网格对象进行切片，然后单击"生成形状"按钮即可基于 2D 相交生成一个形状。

在修改命令面板的次层级修改器中打开 Rendering（渲染），选中 Enable In Renderer（有效渲染）和 Enable In Viewport（有效视图），可以看到视图中的曲线变成实体显示模式。在次层级修改面板中设置 Thickness（边缘厚度）为 4，视图中可以看到曲线变粗，如图 2-80 所示。

在任意一个视图中按住鼠标左键并拖动，在合适的位置松开鼠标左键，即可看到创建出的截面对象。截面对象的可调节参数比较简单，除了大小以外，只有范围、更新情况等。

Section Parameters（截面参数）

Create Shape（创建图形）：基于当前显示的相交线创建图形。将显示一个对话框，可以在此命名新对象。结果图形是基于场景中所有的相交网格的可编辑样条线，该样条线由曲线段和角顶点组成。

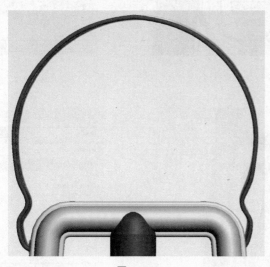

图 2-80

08

制作灯罩旁的小支架，在前视图中使用 Line 按钮描出如图 2-81 所示的部分。

在修改命令面板的次层级修改器中打开 Rendering 按钮，选中 Enable In Renderer（有效渲染）和 Enable In Viewport（有效视图），设置 Thickness 为 0.1，如图 2-82 所示。

Update（更新组）

When Section Moves（移动截面时）：在移动或调整截面图形时更新相交线。

When Section Selected(选择截面时):在选择截面图形,但是未移动时更新相交线。单击 Update Section(更新截面)按钮可更新相交线。

Manually(手动):单击 Update Section(更新截面)按钮更新相交线。

Update Section(更新截面)。

Section Extents(截面范围组)

Infinite(无限):截面平面在所有方向上都是无限的,从而使横截面位于其平面中的任意网格几何体上。

Section Boundary(截面边界):只在截面图形边界内或与其接触的对象中生成横截面。

Off(禁用):不显示或生成横截面。

(色样):单击此选项可设置相交的显示颜色。

Section Size(截面大小)

Length/Width(长度/宽度):调整显示截面矩形的长度和宽度。

注意:如果将截面栅格转化为可编辑样条线,则将基于当前横截面将其转换为一个图形。

操 作 提 示

在使用截面命令对多个物体的其中一个物体做截面时,最好将其他无需做截面的物体隐藏起来。

知 识 点 提 示

弯曲命令(Bend)

Bend(弯曲)修改器允许将当前选种对象围绕单独轴弯曲360°,在对象几何体中产生均匀弯曲。

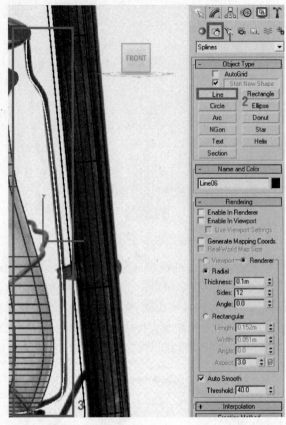

图 2-81

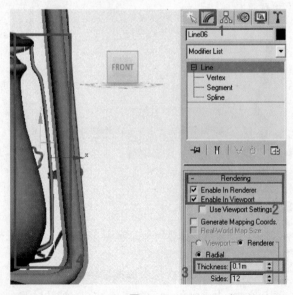

图 2-82

使用主工具栏上的镜像工具，在弹出的对话框中选择 Instance，单击 OK 按钮，对其以 X 轴进行对称镜像，如图 2-83 所示。

使用同样的方法将马灯小支架的其他部分做出来，如图 2-84 所示。

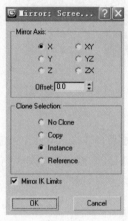

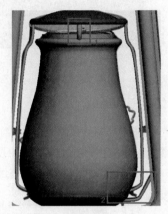

图 2-83　　　　　　　图 2-84

09

制作油盖。在前视图中使用 Line 按钮创建一条曲线，如图 2-85 所示。

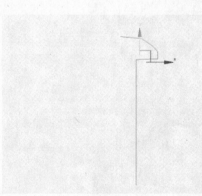

图 2-85

在修改面板中为线段添加 Lathe 命令，单击此层级面板中的 Min（最小），再将车削好的物体移动到正确位置，如图 2-86 所示。

可以在任意 3 个轴上控制弯曲的角度和方向，也可以对几何体的一段限制弯曲。

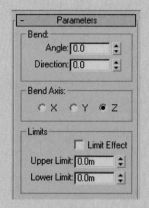

Bend（弯曲）

Angle（角度）：从顶点平面设置要弯曲的角度。范围为－999,999.0～999,999.0。

Direction（方向）：设置弯曲相对于水平的方向。范围为－999,999.0～999,999.0。

Bend Axis（弯曲轴）

X/Y/Z：指定要弯曲的轴。注意此轴位于弯曲 Gizmo，并与选择项不相关。默认设置为 Z 轴。

Limits（限制）

Uper Limit（上限）：以世界单位设置上部边界。此边界位于弯曲中心点上方，超出次边界弯曲不再影响几何体。默认设置为 0，范围为 0～999,999.0。

Lower（下限）：以世界单位设置下部边界。此边界位于弯曲中心点下方，超出次边界弯曲不再影响几何体。默认设置为 0，范围为－999,999.0～0。

Limit Effect（限制效果）。

操作提示

当 2 个圆柱形物件制作完成后，可以打开菜单栏中的 Group（组），选择子菜单中的 Group，这时会弹出一个对话框，

单击 OK 键，这 2 个物体便成为一个组合的物体了。接下来调整它们的位置也就方便了。

镜像工具

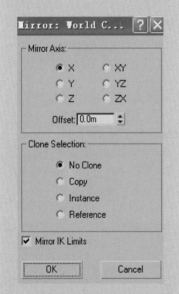

Mirror Axis（镜像对称轴）：提供 6 种可以被镜像使用的对称轴或对称面。

Offset（位置偏移）：指定被选择物体与对称轴或对称平面之间的距离。

Clone Selection（克隆选择）：决定镜像物体与原物体之间的关系。

图 2－86

10

选中灯罩，单击鼠标右键，选择 Hide Unselected（隐藏当前未选中物体）命令。在顶视图 面板中创建一个 Section（截面），并将其调整至如图 2－87 所示的位置。

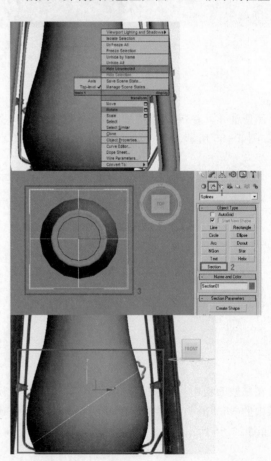

图 2－87

在修改面板中的次层级修改面板中单击 Create Shape（创建截面）按钮，在弹出的对话框中单击 OK 按钮，可以看到在玻璃上创建了一条线条，如图 2-88 所示。

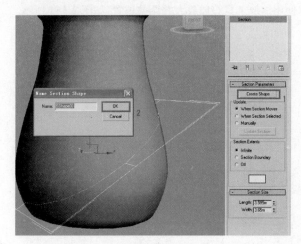

图 2-88

按〈Delete〉键删除 Section（截面）物体，如图 2-89 所示。

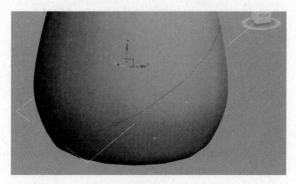

图 2-89

使用快捷菜单中的隐藏命令，隐藏当前所选物体，仔细观察留下来的曲线，如图 2-90 所示。

图 2-90

No Clone（不克隆）：完成后，只存在镜像物体，原物体不存在。

Copy（复制）：完成后，原物体和镜像物体都存在，但两者之间没有任何关系。

Instance（关联复制）：复制一个镜像物体，对原物体进行修改操作时，镜像物体也会随之变化。

Reference（参考复制）：复制一个受原物体影响的物体，并且指定为参考属性。

Mirror IK（镜像 IK 复制）：选中了这个复选框后，物体的 IK 连接也会被"镜像选择物体"工具镜像。

选中刚在灯罩玻璃上创建的线框,在修改面板中次层级修改器中打开 Rendering 按钮,选中 Enable In Renderer 和 Enable In Viewport 选项,设置 Thickness(边缘厚度)为 0.1,并使用缩放工具等比放大并调整位置,如图 2-91 所示。

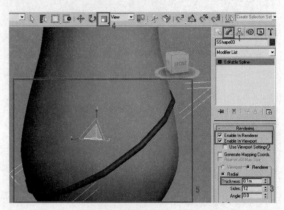

图 2-91

在修改面板中为它添加 Bend(弯曲)命令,如图 2-92 所示。

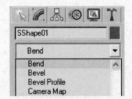

图 2-92

在次层级面板中设置 Angle(角度值)为 -55°,如图 2-93 所示。

图 2-93

选中圆环,使用工具栏上的镜像工具,使它按 X 轴对称复制,如图 2-94 所示调整形状。

图2-94

单击鼠标右键,选择快捷菜单中的 Unhide All(显示所有)命令,在前视图中创建一个线框,如图2-95所示。

在修改面板中为它添加 Extrude(挤压)命令,并将挤压后的物体镜像复制到左边,如图2-96所示。

图2-95

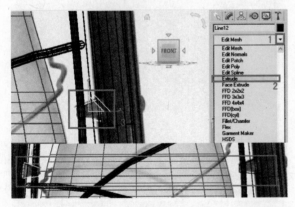

图2-96

11

制作灯芯调节的把手,在前视图中创建一个曲线,并在次层级面板中选中 Enable In Renderer 和 Enable In Viewport 选项,设置 Thickness 为 0.1,如图2-97所示。

再创建一个圆环,添加 Extrude 命令,将 Amount 设置为 0.05,如图2-98所示。调节灯芯的把手,完成效果如图2-99所示。

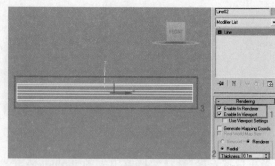

图 2-97

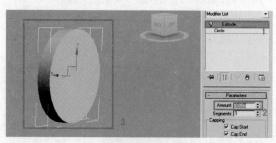

图 2-98

图 2-99

最后调整好位置，马灯便完制作完成了，如图 2-100 所示。

图 2-100

2.3　天平秤的制作

知识点：车削修改器建模，挤压命令建模，间隔工具建模，倒角命令建模，布尔运算建模

图 2－101

01

先将天平的照片设置为前视图的背景图片。首先制作天平秤的支架部分。使用 中的 Line 工具描出支架部分的形状，如图 2－102 所示。

图 2－102

制 作 思 路

天平秤制作步骤

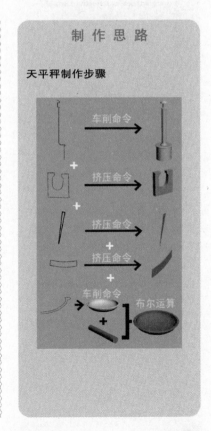

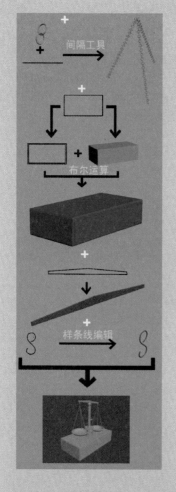

间隔工具

　　使用间隔工具可以基于当前选择沿样条线或一对点定义的路径分布对象。

　　分布的对象可以是当前选定的副本、实例或参考。通过拾取样条线或 2 个点并设置许多参数,可以定义路径。也可以指定确定对象之间间隔的方式,以及对象的轴点是否与样条线的切线对齐。

　　在修改面板中为曲线添加 Lathe 命令,并选中次层级面板中的 Min,效果如图 2 - 103 所示。

图 2 - 103

02

用 Line 工具绘出天平的秤杠,如图 2 - 104 所示。

图 2 - 104

　　在修改面板中为它添加 Extrude 命令,设置 Amount(厚度)为 1.5,如图 2 - 105 所示。

图 2 - 105

03

　　同样使用 Line 工具描出小支架、指针和数值牌，并在修改面板中为它们添加 Extrude 命令，如图 2 - 106 所示。

图 2 - 106

04

　　接下来制作左边的盘子。使用 Line 工具描出盘子的形状，如图 2 - 107 所示。

图 2 - 107

　　在修改面板中添加 Lathe 命令，并单击 Min，如图 2 - 108 所示。

图 2 - 108

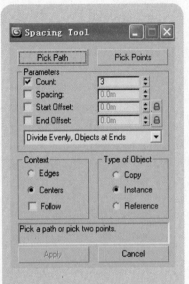

Pick Path(拾取路径)

　　单击它，然后单击视口中的样条线以作为路径使用。该参数会将样条线用作分布对象所沿循的路径。

Pick Points(拾取点)

　　单击它，然后单击起点和终点在构造栅格上定义路径。也可以使用对象捕捉指定空间中的点。

Parameters(参数)

　　Count(数量)：要分布的对象的数量。

　　Spacing(间距)：指定对象之间的间距(以单位计)。该参数会根据选择的是"边"还是"中心"来确定此间隔。

　　Start Offset(始端偏移)：指定距路径始端偏移的单位数量。单击锁定图标，可针对间隔值锁定始端偏移值并保持该数量。

　　End Offset(末端偏移)：指定距路径末端偏移的单位数量。单击锁定图标，可针对间隔值锁定始端偏移值并保持该数量。

Context(前后关系)

Edges(边)：使用此选项指定通过各对象边界框的相对边确定间隔。

Centers(中心)：使用此选项指定通过各对象边界框的中心确定间隔。

Follow(跟随)：使用此选项可将分布对象的轴点与样条线的切线对齐。

Type of Object(对象类型)

Copy(复制)：将选定对象的副本分布到指定位置。

Instance(实例)：将选定对象的实例分布到指定位置。

Reference(参考)：将选定对象的参考分布到指定位置。

提示：可以使用包含多个样条线的复合图形作为分布对象的样条线路径。

阵列工具

选择要被阵列的对象。在主工具行的空白处单击鼠标右键，选择 Extras ，在弹出的小浮动框 中选择 ，会弹出一个对话框，如下图。

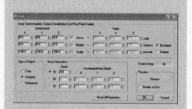

Array Transmation(阵列变换)

World Coordinates(世界坐标)

Use Pivot Point Center(使用轴点中心)

指定 3 个变换的哪一种组合用于创建阵列。也可以为每个变换指定沿 3 个轴方向的范围。在

05

在前视图中用 Line 工具创建一个线框，并使用 Extrude 命令，如图 2 - 109 所示。

图 2 - 109

06

再使用 Line 工具描出挂钩，并在次层级面板中选中 Enable In Renderer 和 Enable In Viewport 选项，设置 Thickness 为 0.01，如图 2 - 110 所示。

图 2 - 110

在前视图中创建 2 个圆环，选中次层级面板中的 Enable In Renderer 和 Enable In Viewport 选项，设置 Thickness 为 0.5。将其中一个圆环旋转 90° 并组成组。稍微调整它们的倾斜角度，如图 2 - 111 所示。

图 2 - 111

创建一根曲线，如图 2-112 所示。

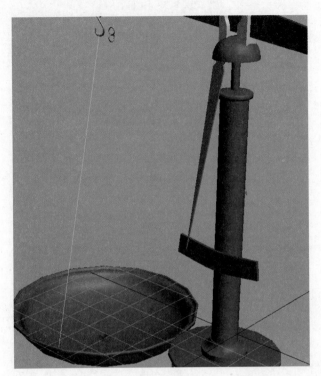

图 2-112

在菜单栏执行 Tools→Align→Spacing Tool(间隔工具)命令，如图 2-113 所示。

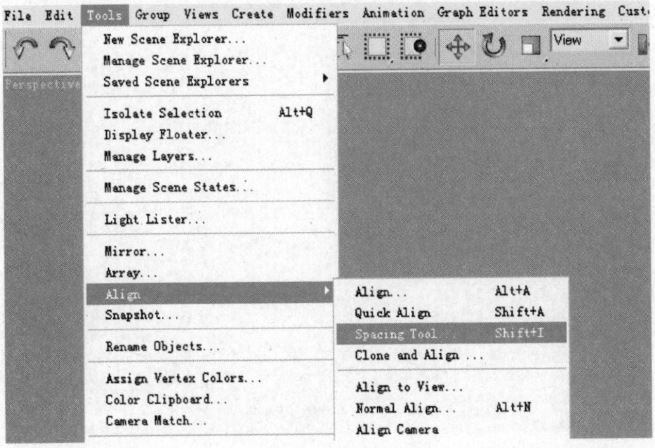

图 2-113

单击 Pick Path(拾取路径)工具，在视图上拾取样条线，如图 2-114 所示。设置 Count(数量)为 25，效果如图 2-115 所示。

每个对象之间，可以按增量指定变换范围；对于所有对象，可以按总计指定变换范围。在任何一种情况下，都测量对象轴点之间的距离。使用当前变换设置可以生成阵列，因此该组标题会随变换设置的更改而改变。

Incremental(增量)

Move(移动)：指定沿 X、Y 和 Z 轴方向每个阵列对象之间的距离(以单位计)。

Rotate(旋转)：指定阵列中每个对象围绕 3 个轴中的任一轴旋转的度数(以度计)。

Scale(比例)：指定阵列中每个对象沿 3 个轴中的任一轴缩放的百分比(以百分比计)。

Totals(总计)

Units(单位)：指定沿 3 个轴中每个轴的方向，所得阵列中 2 个外部对象轴点之间的总距离。例如，如果要为 6 个对象编排阵列，并将"移动 X"总计设置为 100，则这 6 个对象将按以下方式排列在一行中(行中 2 个外部对象轴点之间的距离为 100 个单位)。

Degrees(度)：指定沿 3 个轴中的每个轴应用于对象的旋转的总度数。例如，可以使用此方法创建旋转总度数为 360°的阵列。

Percent(百分比)：指定对象沿 3 个轴中的每个轴缩放的总计。

Re-Orient(重新定向)：将生成的对象围绕世界坐标旋转的同时，使其围绕其局部轴旋转。清除此选项时，对象会保持其原始方向。

Uniform(均匀型)：禁用 Y 和 Z 微调器，并将 X 值应用于所有轴，从而形成均匀缩放。

Type of Object(对象类型)

确定由"阵列"功能创建的副本的类型。默认设置为"副本"。

Copy(复制):将选定对象的副本排列到指定位置。

Instance(实例化):将选定对象的实例排列到指定位置。

Reference(参考):将选定对象的参考排列到指定位置。

Array Dimensions(阵列维度)

用于添加到阵列变换维数。附加维数只是定位用的。未使用旋转和缩放。

1D:根据"阵列变换"组中的设置,创建一维阵列。

2D:创建二维阵列。

3D:创建三维阵列。

Count(数量):指定在阵列的该维中对象的总数。对于 1D 阵列,此值即为阵列中的对象总数。

Incremental Row Offsets(增量而偏移):指定在阵列的该维中对象的总数。

X/Y/Z:指定沿阵列第二维的每个轴方向的增量偏移距离。

Total in Array(阵列中的总数):显示将创建阵列操作的实体总数,包含当前选定对象。如果排列了选择集,则对象的总数是此值乘以选择集的对象数的结果。

Preview(预览):切换当前阵列设置的视口预览。更改设置将立即更新视口。如果更新减慢拥有大量复杂对象阵列的反馈速度,则启用"显示为外框"。

Display as Box(显示为外框):将阵列预览对象显示为边界框而不是几何体。

Reset All Parameters(重置所有参数):将所有参数重置为其默认设置。

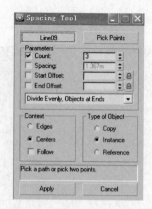

图 2 - 114

图 2 - 115

将路径上生成的圆环全部全部选中,执行 Group→Group(群组)命令,将其组合在一起,如图 2 - 116 所示。

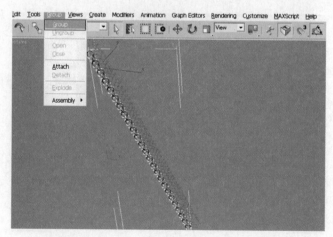

图 2 - 116

在层级面板 中单击 Affect Pivot Only(仅影响轴)按钮,并手动将轴调整到顶端,如图 2 - 117 所示。再关闭 Affect Pivot Only 按钮。

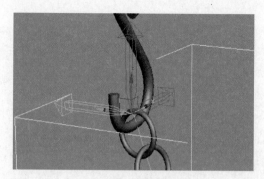

图 2－117

　　在工具栏上单击鼠标右键，在弹出的菜单中选择
Extras命令，如图2－118所示。

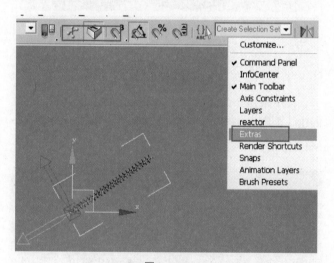

图 2－118

　　单击弹出的小工具栏上的 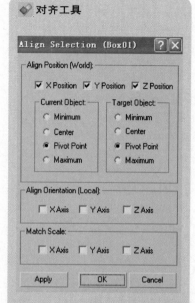（阵列）按钮，在弹出的
对话框中将旋转设为120°，复制数量设为3，单击 OK 按
钮，如图2－119所示。阵列复制出来如图2－120所示。

图 2－119

对齐工具

Align Position（World）（对齐位
置）（世界）

　　X/Y/Z Position（X/Y/Z 位
置）：指定要在其上执行对齐的一
个或多个轴。启用所有3个选项
可以将该对象移动到目标对象
位置。

Current/Target Object（当前对象）

　　Minimum（最小）：将具有最小
X、Y 和 Z 值的对象边界框上的点
与其他对象上选定的点对齐。

　　Center（中心）：将对象边界框的
中心与其他对象上的选定点对齐。

　　Pivot Point（轴点）：将对象的
轴点与其他对象上的选定点对齐。

　　Maximum（最大）：将具有最大
X、Y 和 Z 值的对象边界框上的点
与其他对象上选定的点对齐。

Align Orientation（Local）（对齐方
向）（局部）

　　这些设置用于在轴的任意组
合上匹配2个对象之间的局部坐
标系的方向。

该选项与位置对齐设置无关。可以不管"位置"设置,使用"方向"复选框,旋转当前对象以与目标对象的方向匹配。

位置对齐使用世界坐标,而方向对齐使用局部坐标。

Match Scale(匹配比例)

使用 X 轴、Y 轴和 Z 轴选项,可匹配 2 个选定对象之间的缩放轴值。该操作仅对变换输入中显示的缩放值进行匹配。这不一定会导致两个对象的大小相同。如果两个对象先前都未进行缩放,则其大小不会更改。

Boolean(布尔运算)

运算类似于传统的雕刻建模技术,使用这种技术可以使用基本几何体快速创建任何不规则的对象。进行布尔运算后随时可以对 2 个运算对象进行修改操作,布尔运算的方式、效果也可以编辑修改,布尔运算修改的过程可以记录为动画,表现神奇的切割效果。

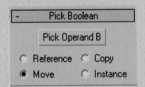

Pick Operand B(拾取操作对象 B):用与选择布尔操作的下一个对象。

Reference(参考):将原始对象的参考复制品作为运算对象 B,以后改变原始对象,也会同时改变布尔物体中的运算对象 B,但改变运算对象 B,不会改变原始对象。

Copy(复制):将原始对象复制一个作为运算对象 B,而不改变原始对象。当原始对象还要作其他

图 2 - 120

07

接下来用布尔运算制作盘子旁边的 3 个小洞。首先创建 3 个圆柱,分别放置在天平盘子的扣环处,如图 2-121 所示。

图 2 - 121

在创建面板几何体下拉式菜单中选择 Compound Object(复合对象)。选中先前画好的秤盘物体支架形状,并单击复合对象面板中 Boolean(布尔运算)按钮,如图 2 - 122 所示。

单击 Pick Operand B(拾取对象 B),在视图中单击圆柱,可以看到天平的盘子上被穿了个孔,如图 2 - 123 所示。

图 2 - 122

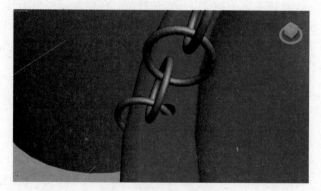

图 2 - 123

之用时选用该方式。

Move(移动)：将原始对象直接作为运算对象 B，它本身将不再存在。当原始对象无其他用途时选用该方式。该方式为默认方式。

Instance(关联)：将原始对象的关联复制品作为运算对象 B，以后对两者中之一进行修改时都会同时影响另一个。

左边的盘子已经做好了。再按住〈Shift〉键将它复制到右边的位置，如图 2 - 124 所示。

图 2 - 124

08

接下来制作天平秤的底座。首先在顶视图中创建一个 Box 并移动到透视图中，如图 2 - 125 所示。

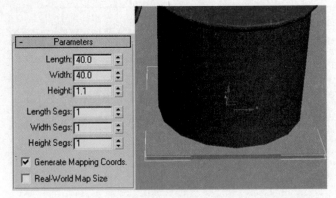

图 2 - 125

在顶视图中创建一个矩形线框。在修改面板中为其添加 Bevel 命令，并在修改面板的次层级面板 Bevel Values 中如图 2 - 126 所示设置参数。完成效果如图 2 - 127 所示。

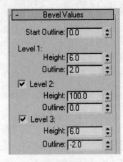

图 2 - 126

图 2 - 127

在前视图中创建一个矩形线框，并转换为可编辑样条线。在修改面板中选择 Spline（曲线），按住〈Shift〉键使用缩放工具对其进行缩放，效果如图 2 - 128 所示。

在修改面板中为其添加 Extrude 命令，如图 2 - 129 所示。

图 2 - 128

图 2 - 129

　　选中后在面板上单击工具栏上的 　 对齐命令，在弹出的对话框中如图 2 - 130 所示设置参数，将其对齐到天平座上。

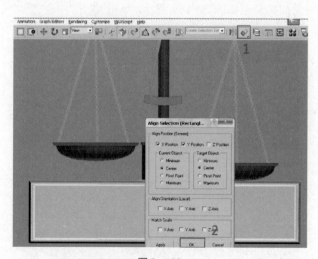

图 2 - 130

　　在创建面板几何体下拉式菜单中选择 Compound Object（复合对象）。选中天平底座，并单击复合对象面板中 Boolean 下的 Pick Operand B（拾取对象 B），在视图中单击湖蓝色物体,完成效果如图 2 - 131 所示。

图 2 - 131

09

在前视图中创建一个圆环,在修改面板中为其添加 Extrude 命令,如图 2 - 132 所示。

图 2 - 132

将做好的圆柱复制到抽屉上,如图 2 - 133 所示。最终完成的模型如图 2 - 134 所示。

图 2 - 133

图 2 - 134

3ds Max
动漫三维项目制作教程

本章小结

通过本章的3个实例详细讲解了车削、挤压、倒角、轮廓倒角修改器等一些基础建模命令的使用方法和注意事项。这些基础建模方法是以后制作复杂模型的基础。虽然,本章也介绍了基础建模中较难的放样命令,并通过放样命令制作了较复杂的模型,但本章重点仍是3ds Max的基础知识,是制作更多复杂模型的基础。

课后练习

❶ 放样命令在控制面板中( )位置下。

A. Create→Geometry→Standard Primitives

B. Create→Geometry→Compound Objects

C. Create→Shapes→Standard Primitives

D. Create→Shapes→Compound Objects

❷ ( )基础建模命令不是修改命令中的。

A. 挤压   B. 倒角   C. 车削   D. 放样

❸ 使用车削命令制作沙漏模型,如图2-135所示。

❹ 使用编辑样条线和弯曲命令制作铁架模型,如图2-136所示。

图2-135

图2-136

3

3D 多边形建模艺术

本课学习时间：10 课时

学习目标：掌握多边形建模基础，熟悉 3ds Max 多边形建模技巧，制作出造型准确的模型

教学重点：多边形建模的思路

教学难点：在多边形制作过程中，造型的把握以及各种制作技巧的灵活运用

讲授内容：多边形基础知识，南瓜车的制作，女孩角色的制作

课程范例文件：\ chapter3 \ 多边形建模 . rar

本章课程总览

本章介绍多边形建模。目前多边形建模已经是动漫游戏最流行的建模方式，这种建模方法的优点在于制作流程简单，上手制作比较容易，经常使用的工具命令不是很多，功能强大，能够制作非常复杂的模型。在这里通过制作南瓜车、角色等模型全面介绍多边形建模的制作流程，带领读者全面掌握 3ds Max 多边形建模的方法及技巧。

案例一　南瓜车的制作

案例二　女孩角色的制作

3.1 南瓜车的制作

知识点：多边形建模，目标焊接，沿样条线挤出、附加、移除、锥化、切割

图 3-1

01

在 Create(创建)命令面板中单击 Shapes→Splines→Line 按钮，在 Top 视图中创建如图 3-2 所示的样条线。

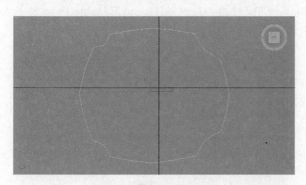

图 3-2

选择样条线，在 Modify(修改)命令面板中选择 Extrude (挤出)修改器，如图 3-3 所示设置参数。

制 作 提 示

南瓜车制作可分为 4 个部分，分别是车顶、车身、车座、车轮，建模过程如图所示。

车顶

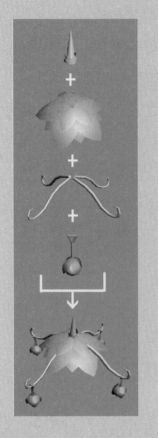

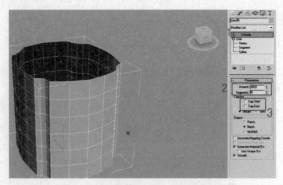

图 3－3

再为样条线添加 Taper（锥化）修改器，如图 3－4 所示设置参数。

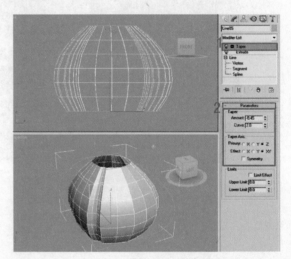

图 3－4

在视图中单击鼠标右键，在弹出的快捷菜单中执行 Convert To（转换为）→Convert to Editable Poly（转换为可编辑多边形）命令，如图 3－5 所示。

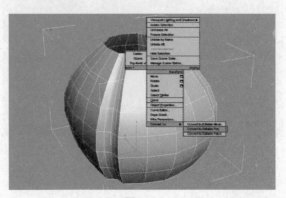

图 3－5

02

在 Left 视图中，选择 Vertex 子层级，选中后单击工具栏中的 ▣ 按钮，按住鼠标左键一直沿 X 轴拖动，使点对齐，如图 3-6 所示。

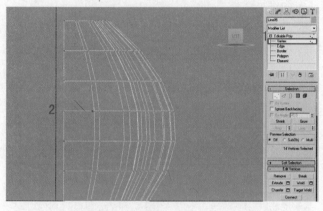

图 3-6

单击 ▣ 按钮切换到 Hierarchy（层次）命令面板，单击 Affect Point Only（仅影响轴）按钮后移动坐标到如图 3-7 所示的位置。

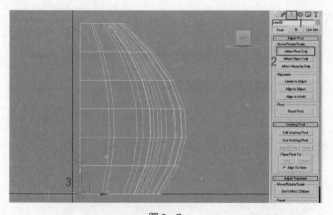

图 3-7

在 Create 命令面板中单击 ▣ 按钮，切换到 Modify 命令面板，在面板中为多边形添加 Symmetry（对称）修改器，如图 3-8 所示设置参数。

选择 Vertex 子层级，选中点沿 Y 轴向上移动，如图 3-9 所示。

车身

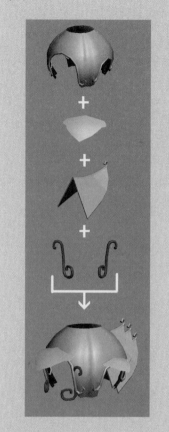

后座

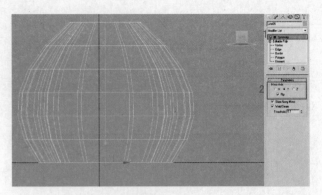

图 3 - 8

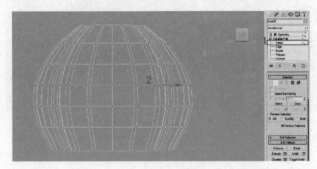

图 3 - 9

03

在 Left 视图中，选择 Edge 子层级，单击 Cut（切割）按钮，在对象上拖动切割边，如图 3 - 10 所示。

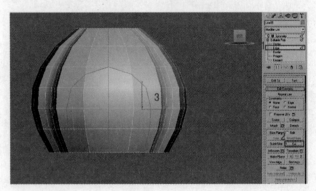

图 3 - 10

04

在 Front（前）视图中，同样切割出新的边，如图 3 - 11 所示。

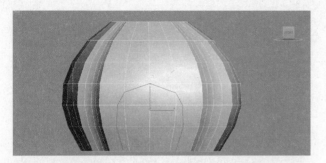

图 3 - 11

选择 Polygon 子层级，选中面后按〈Del〉键删除，如图 3 - 12 所示。

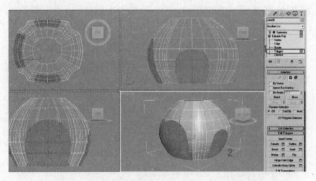

图 3 - 12

05

选中边后，在 Edit Edges（编辑边）卷栏中，单击 Creat Shape From Selection（利用所选内容创建图形）按钮，这样就创建出两条新的样条线，如图 3 - 13 所示。

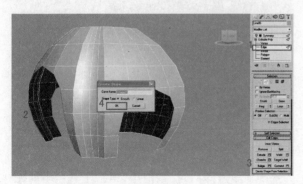

图 3 - 13

选中两条新的样条线，对线的参数进行设置，如图 3 - 14 所示。

车轮

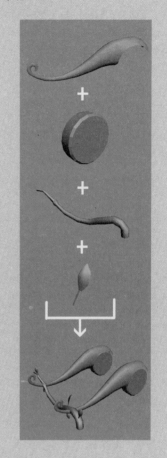

知 识 点 提 示

Edit Mash 网格编辑

Edit Mash 网格编辑用来对模型的点线面进行精细加工编辑，可以使用修改命令面板上的 Edit Mash 命令，也可以使用 Convert to 命令将模型直接塌陷成为可编辑网格物体。其中涉及的技术主要是推拉表面，即构建基本的 Box 结构，再使用 Extrude 命令挤压面，对选择的表面进行推拉，最后增加一个 Mash Smooth（光滑网格结构）命令，进行表面的平滑和提高精度。这种方法大量使用点、线、面的编辑操作，对空间的感受能力和控制能力要求比较高,但是操作相对随意。理论上说这种建模方式可以制作出任何看得到的和想得到的物体,一般用来进行角色和场景模型的建立。

Selection(选择)

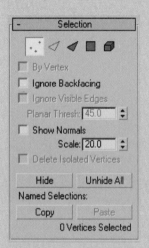

Vertex(点):以控制点为单位进行选择编辑操作。

Edge(边):以边为单位进行选择编辑操作。

Face(面):以三角面为单位进行选择编辑操作。

Polygon(多边形):以多边形为单位进行选择编辑操作。

Element(元素):以元素为单位进行选择编辑操作。

By Vertex(按顶点):选中此选项后,再选择一个点,与这个点相连的边或者面也会被同时选中。

Ignore Backfaces(忽略背面):选中此选项时,可以防止对看不到的表面进行选择和操作。

Ignore Visible Edges(忽略可见线):在不打开这个选项时,在面子层级中进行操作时,每次单击只

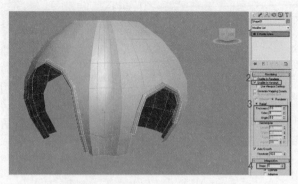

图 3-14

选择多边形对象,单击 Attach(附加)按钮,再单击另外 2 条样条线,把它附加成一个物体,如图 3-15 所示。

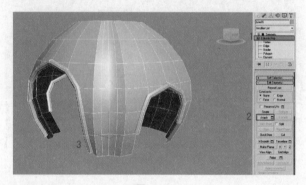

图 3-15

选择 Edge 子层级,选中如图 3-16 所示的边,单击 Remove(移除)按钮。

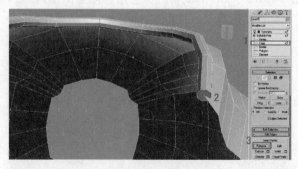

图 3-16

选中一圈边,在 Left 视图中,单击工具栏中的 ↻ 按钮,旋转边,如图 3-17 所示。

选中面,单击 Extrude 按钮右侧的 🔲 按钮,在弹出的对话框中按图 3-18 所示设置参数。

图 3－17

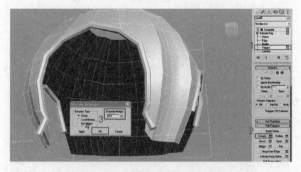

图 3－18

重复多次挤出操作后，使用旋转和移动工具，调整多边形对象的形态，效果如图 3－19 所示。

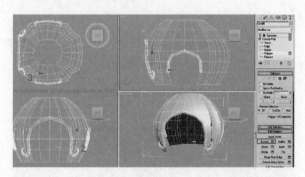

图 3－19

06

在 Front 视图中创建如图 3－20 所示的样条线。

选择多边形编辑对象，选择 Polygon 子层级，选择一个多边形面。单击 Extrude Along Spline（沿样条线挤出）按钮右侧的 ▢ 按钮，在弹出的对话框中，单击 Pick Spline（拾取样条线）按钮后，再单击样条线，最后设置参数，如图 3－21 所示。

能选择单一的面。但是在打开这个选项时，可以选择一定范围内的所有的面，可以通过下面的 Planar Thresh（共面极限）来调节指定范围。

Show Normals（显示法线）：控制法线的显示属性。法线在场景中显示为蓝色，可以通过下面的 Scale（缩放）工具对法线的大小进行调节。

Hide（隐藏）：对选中的子层级物体进行隐藏。

Unhide All（全部显示）：显示所有的被隐藏的子物体。

Copy（复制）：将当前子层级中的选择集合复制到剪切板中。

Paste（粘贴）：将剪切板中的复制选择集合粘贴到当前的子层级中。

Edit Geometry（编辑几何体）

Create（创建）：创建单独的点、线、面和元素。创建的内容根据当前所在的子层级的不同而不同。

Delete（删除）：删除选择的子层级选择集合。

Attach（加入）：在视图中单击包括二维曲线、面片和 NURBS 等任何类型的物体，把这些物体转换为网格物体。

Attach List(加入列表)：选择需要加入的物体进行加入操作，并且可以一次加入多个物体。

Detach(分离)：将当前选择的子层级物体分离出去，成为一个独立的新的网格物体。

Divide(细分)：可以对当前选择的表面进行加面处理，产生更多的细分曲面供编辑修改使用。

Turn(转向)：在三角面层级中，将对角面中间的边的方向倒换，改到另外一个方向，从而使三角面的划分方式改变，通常用于处理不符合要求的模型的扭曲现象。

Extrude(挤压)：在三角面和多边形层级中，将选择的三角面或者多边形面挤压出一个厚度，使被选择的面突出或者凹陷。

Bevel(倒角)：对选择的面挤压出倒角形态。

Chamfer(切角)：在点或线子层级中，对选择的点或线进行切角处理，可以设定数值来调节切角的大小。

Slice Plane(切片平面)：在线的子层级中，虚拟出一个方形的平面来对物体进行切割，并产生一条虚拟平面投影在物体上的连续的切割控制线，并且可以使用移动和旋转工具来调整这个虚拟的切割平面，得到所需的切割控制线。

Slice(切片)：确定切割平面投影到物体上的切割控制线。

Cut(剪切)：这是个功能强大的工具，可以在除了点以外的所有子层级中使用，对所需要的面进行切割，使物体增加更多的面和细节。

Refine Ends(末段加点)：在默认情况下，这个选项呈选中状，表示在剪切的过程中，新生成的控制点同时受控制点所在线段两端的面的影响；反之，则只受进行过剪切的面的影响。

图 3-20

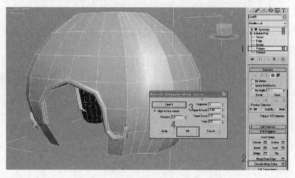

图 3-21

07

在 Front 视图中选择样条线后，单击工具栏中的 按钮，在弹出的对话框中选择沿 X 轴镜像，如图 3-22 所示。

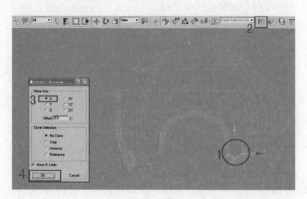

图 3-22

选择多边形编辑对象，单击 Extrude Along Spline 按钮，重复之前操作，效果如图 3-23 所示。

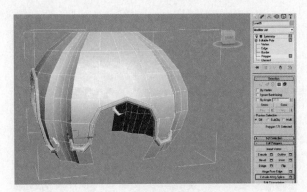

图 3-23

08

在 Top 视图中创建长方体，如图 3-24 所示设置参数。

转换为可编辑多边形，为对象添加 Symmetry（对称）修改器，再选择 Vertex 子层级，选中第一排的点，单击 Target Weld（目标焊接）按钮，将点焊接至目标位置，如图 3-25 所示。

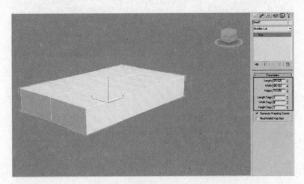

图 3-24

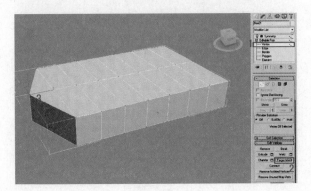

图 3-25

Weld(焊接)

用于控制点与控制点之间的合并操作。

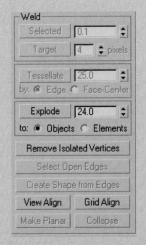

Selected（选定项）：焊接"焊接阀值"微调器指定的公差范围内的选定顶点。所有的线段都会与产生的单个顶点连接。

Target（目标）：进入焊接模式，在视图中将选择的点拖动到要焊接的点的位置上，这样点和点就会自动焊接起来。

Tessellate（细化）：通过 Edge、Face Center（面中心）设置张力微调框的，单击即可细化选定的面。

Explode（爆炸）：将选择的面打散后分离出当前的物体，使他们成为单独的物体。设置参数可以指定面与面之间的角度，在这个角度之下不发生炸开。

Remove Isolated Vertices（去除隔离的点）：去除所有单独的点，使模型更加简练。

Select Open Edge（选择开放的边）：选择所有只有一个面的边。在大多数对象中，该选项可以显示丢失面存在的地方。

Create Shape From Edge（从控制边创建图形）：选择一条或者多条控制边后，使用这个工具，就可以把选择的控制线分离为独立的二维图形。使用这个工具时，会跳出为新的曲线命名的对话框。

View Align（视图对齐）：子层级选择集合将会排列在一个平面上，并且这个平面将与屏幕平行。

Grid Align（栅格对齐）：子层级的选择集合将会排列在一个平面上，并且这个平面将和视图区的栅格平面平行。

Make Planar（压平）：将子层级的选择集合强制的挤压成一个平面，并且这个平面的位置位于整个选择集合的平均高度。

Collapse（合并）：将子层级的选择集合合并，在该区域中重新创建一个中心控制点，与周围的控制点相连接，产生相应控制线，并使用面将该区域封闭。

点的表面属性

Weight（权重）：可以通过右侧的数值输入框来显示和改变控制点的权重。

Edit Vertex Colors（编辑控制点的颜色）：有 3 个选项。

Colors（颜色）：单击右侧的色块，进入拾色器，从而改变控制点的颜色。

选择 Vertex 子层级，调节点的位置，效果如图 3 - 26 所示。

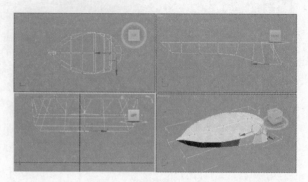

图 3 - 26

选中底部的面单击 Extrude 按钮右侧的 □ 按钮，在弹出的对话框中设置参数，如图 3 - 27 所示。

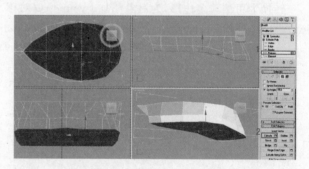

图 3 - 27

09

在 Front 视图中，在顶点模式下调节点的位置，如图 3 - 28 所示。

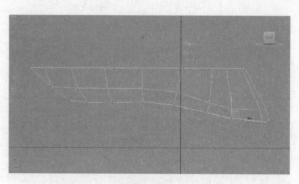

图 3 - 28

选择 Edge 子层级，单击 Cut 按钮，在对象上拖动切割边，如图 3-29 所示。

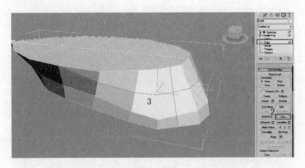

图 3-29

选择 Vertex 子层级，对点进行调节，完成效果如图 3-30 所示。

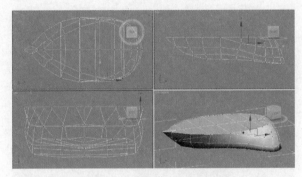

图 3-30

选中边缘的边，单击 Chamfer 按钮右侧的 □ 按钮，如图 3-31 所示设置参数。

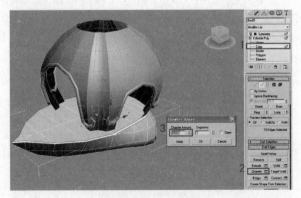

图 3-31

Illumination（明度）：通过右侧的色块来调节控制点的明度。

Alpha（透明）：用于指定控制点的透明度。

Select Vertex By（选择控制点）：有 3 个选项。

Colors（颜色）/Illumination（明度）：通过这 2 个选项之间的切换，来改变选择控制点的方式。

Range（范围）：设置颜色选择的近似值的范围。

Select（选择）：调整好选择的范围时，使用这个按钮来选中符合这个范围的控制点。

线的表面属性

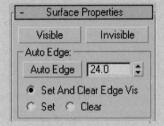

Visible（可见）/Invisible（不可见）：在线的子层级中，可以通过这两个按钮来控制选中的边的显示。可见的线成实线显示，在线框状态的渲染输出为可见；反之，不可见的线成虚线显示，在线框状态的渲染输出为不可见。

Auto Edge（自动边）：提供了另外一种控制边显示的方法。通过自动比较共线的面的夹角与值的大小来决定选择的边是否可见。

Set and Clear Edge Vis（设置并清除可见边）：只选择当前参数的次物体。

Set（设置）：保留上次选择的结果并加入新的选择。

Clear(清除)：从上次选择结果中进行再选择。

三角面、多边形面和元素的表面属性

- Surface Properties

Normals:
| Flip | Unify |

Flip Normal Mode

Material:
Set ID: 3
Select ID: 3

☑ Clear Selection

Flip(反向)：将选中的面的法线方向反转。

Unify(统一)：将选择的面的法线方向统一为一个方向。

Flip Normal Mode(反转法线模式)：在视图中单击子层级物体将改变它的法线方向。再次单击或在视图中单击鼠标右键则关闭反转法线模式。

Material ID(材质 ID)：再次为选择的表面指定新的 ID 号。如果物体的材质使用的是多维材质，将会按照材质 ID 号分配材质。

Select By ID(按 ID 号选择)：按当前 ID 号，将所有与此 ID 号相同的表面进行选择。

Editable Poly(可编辑多边形)

Editable Poly(可编辑多边形)由点、线，面、体等元素组成，它可以对一个物体的各个组成部分进行任意的修改编辑，包括推拉、创建、删除，以及其他功能，并且可以让这种修改记录为动画。

多边形物体也是一种网格物体，在功能上以及使用上几乎和

10

在 Front 视图中创建如图 3-32 所示的样条线。

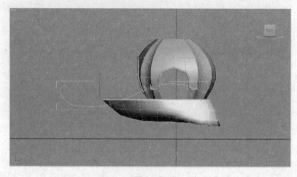

图 3-32

11

在 Left 视图中，创建 2 个如图 3-33 所示的图形。

图 3-33

选中样条线，在 Create 命令面板中单击 Geometry（几何体）→Compound Objects（复合对象）→Loft（放样）按钮，然后单击 Get Shape（获取图形）按钮，拾取图形，得到放样对象，如图 3-34 所示。

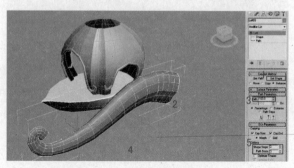

图 3-34

将放样对象转换为可编辑多边形,选择 Vertex 子层级,对物体的形态进行调节,完成效果如图 3-35 所示。

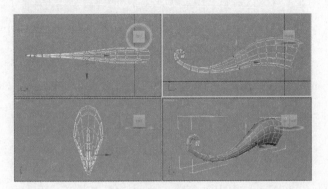

图 3-35

为对象添加 Symmetry（对称）修改器,如图 3-36 所示。

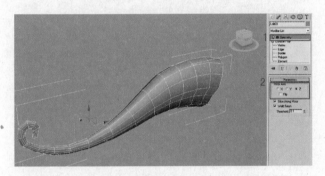

图 3-36

选中面后按〈Del〉键删除,如图 3-37 所示。

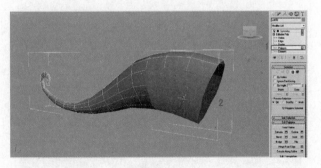

图 3-37

12

在 Front 视图中,按图 3-38 所示调节点的位置。

Editable Mash（可编辑网格物体）一样。不同的是,Editable Mash 是由三角面构成的编辑方式,而 Editable Poly 的编辑方式却灵活得多,不但可以是三角网格结构,也可以是四边的,或者更多。当物体转换成可编辑多边形物体时,可以对它进行如下编辑:对可编辑多边形物体的 5 个子层级点、线、轮廓线、面、元素进行任意编辑、加工;对子层级中的选择集合进行移动、旋转、缩放的基本变换操作;在修改命令面板中传递子层级的选择集合,使用其他的修改编辑命令对传递下来的子层级选择集合进行再编辑;提供了更多对可编辑多边形物体的分面组的编辑。

操 作 提 示

要把一个物体转换为 Editable Poly 物体,可以在修改命令面板中,或在视图区中,选择物体,用鼠标右键打开快捷菜单,执行 Convert To→Editable Poly（转换为→可编辑多边形物体）命令。

知 识 点 提 示

Edit Vertices（编辑点子层级面板）

Remove(去除)：去除当前的控制点。和删除控制点不同，Remove 控制点是在不破坏表面的完整性的情况下进行的，被去除的控制点的周围会重新进行结合，但对模型的外形产生一定的变形影响。〈Del〉键也可以完成删除点的工作，但〈Del〉键在删除控制点的同时也会将和该控制点有关的面一同删除，使模型的表面产生空洞。

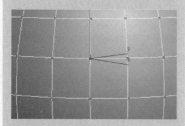

Break(打断)：会在当前选择点的位置重叠创建多个控制顶点，与原选择控制点相关的表面都不再共用同一控制点，而拥有各自独立的控制点。不能立即看到这个工具的作用，只有使用移动工具移开控制点时，才可以看到原本连续的表面产生裂缝。

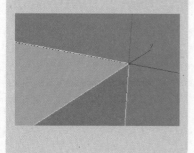

图 3 - 38

13

在 Front 视图中，创建一个圆柱体，按图 3 - 39 所示设置参数。

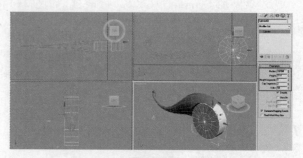

图 3 - 39

在边的模式下选中紫色的马车把手，按住〈Shift〉键沿 X 轴方向拖出新的边（等同于使用挤压命令挤出边）。重复再挤出一次边的操作后，再在点的模式下沿车轮的外形调节点的位置，效果如图 3 - 40 所示。

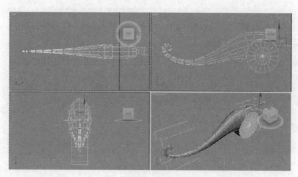

图 3 - 40

在命令面板中单击鼠标右键，在快捷菜单中执行 Collapse All(塌陷全部)命令，如图 3 - 41 所示。

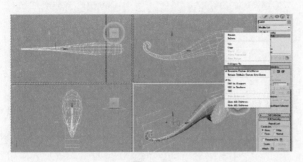

图 3 - 41

在弹出的对话框中单击 Yes 按钮,如图 3 - 42 所示。

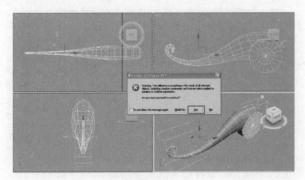

图 3 - 42

14

把车轮附加到紫色的车把手中,再在 Front 视图中复制一个物体,沿 X 轴移动,如图 3 - 43 所示。

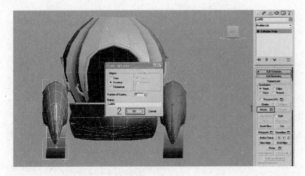

图 3 - 43

15

在 Top 视图中创建一个面片,并按图 3 - 44 所示设置参数,再将面片转换为可编辑多边形。

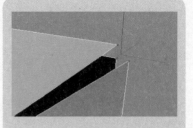

Extrude(挤压):对选中的表面沿着法线的方向挤压出新的多边形表面。单击右侧的按钮打开挤压对话框,进行参数设置后可以得到需要的效果。

挤压点、线、轮廓线的选项是一样的。

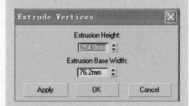

Extrusion Height(挤压高度):设置挤压的高度。

Extrusion Base Width(挤压底面宽度):设置挤压底面的宽度。

Apply(应用):将该设置应用于当前选择。如果已应用其他选择,则保留这些设置。

Ok(确定):将该设置应用于当前选择,然后关闭该对话框。

Cancel(取消):无需将该设置应用于当前选择,并关闭此对话框。

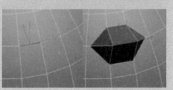

Weld（焊接）：用于控制点与控制点之间的焊接操作。在视图中选择需要焊接的控制点（2 个或者 2 个以上）后，单击这个工具，在范围内的控制点就会合并在一起。如果选择的控制点在使用焊接工具后没有合并在一起，那么可以打开右侧的 □ 按钮，弹出焊接控制点的对话框（如图所示），逐步加大其中的 Weld Threshold（焊接范围）值，直到视图中被选中的控制点合并在一起为止。

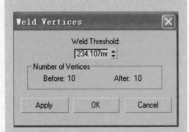

Weld Threshold（焊接阈值）：在要焊接的选定子对象内指定最大距离，采用场景单位。任何超出此阈值范围的顶点或边都不能被焊接。

Number of Vertices（顶点数量）：在焊接前后，显示顶点数量。使用微调器更改该设置时，将动态更新以后的数量。

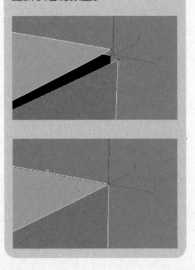

图 3 - 44

按图 3 - 45 所示调节点的位置，制作出叶子的形态。

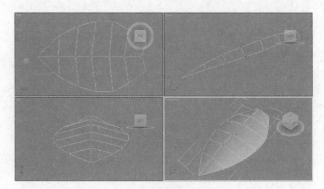

图 3 - 45

16

在 Top 视图中单击工具栏中的 ↻ 按钮，使用关联复制，旋转复制出 4 片叶子，如图 3 - 46 所示。

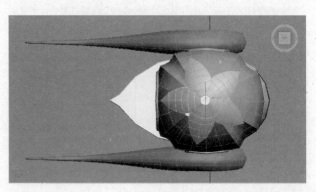

图 3 - 46

选中 5 片叶子，沿 Z 轴复制出两层，再使用缩放工具调节叶子的大小，完成效果如图 3 - 47 所示。

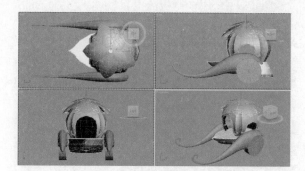

图 3-47

17

在南瓜车顶部创建一个如图 3-48 所示大小的圆柱体,转换为可编辑多边形,选中圆柱顶面,单击 Insert(插入)按钮右侧的 ▢ 按钮,按图 3-48 所示设置参数,再对面重复一次插入操作。

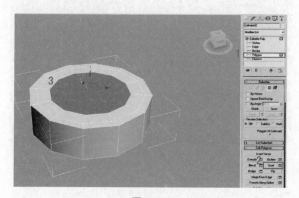

图 3-48

选中中间部分的面,在视图中挤出面后,选中顶部所有的点,单击 Weld(焊接)右侧的 ▢ 按钮,按图 3-49 所示设置参数,单击 OK 按钮把这些点焊接在一起。

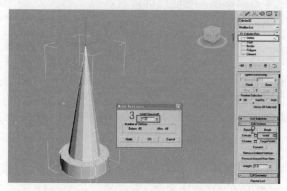

图 3-49

Target Weld(目标焊接):进行控制点和控制点的焊接。使用目标焊接工具后,先单击要焊接的点,这时在鼠标和要焊接的点之间会自动生成一条虚线,然后单击指向到的点,这时原先的点就焊接到指向的点上。目标焊接和焊接工具的功能都是控制点和控制点的合并,但区别在于使用焊接工具后,新生成的控制点的位置位于原先两个控制点的中间;而使用目标焊接工具后,指向的点的位置是不变的,这可以在不改变某个局部外形的情况下修改网格的排布结构。

Chamfer(切角):拖动选择的控制点或边进行切角处理。单击右侧的 ▢ 按钮,打开切角设置对话框,通过数值框调节切角的大小。

Chamfer Amount(切角量):设置切角的大小。

Segments(分段):设置切角线段的多少。

Open(打开):启用时,删除切角的区域,保留开放的空间。默认设置为禁用状态。此设置在当前会话期间处于活动状态。如果启用此选项,然后以交互式方式切角子对象,则选项保持有效。

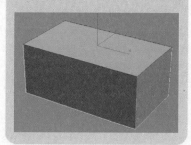

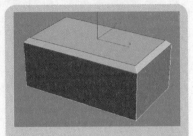

Connect(连接)：用于创建新的边。在控制点子层级中，在选择的控制点之间产生新的边；在边和边界子层级中，在选择的边之间增加相同的数量的边。

连接点

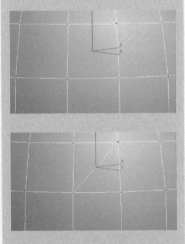

Segments(分段)：设置连接的段数。

Pinch(收缩)：设置连接出的边与边之间的距离。

Slide(滑块)：设置边滑块移动的数值。

选中一圈的边，单击 Extrude 按钮右侧的 ▢ 按钮，在弹出的对话框中按图 3-50 所示设置参数。

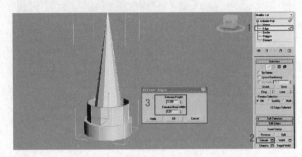

图 3-50

在顶点模式下，沿 Z 轴调节点的位置，效果如图 3-51 所示。

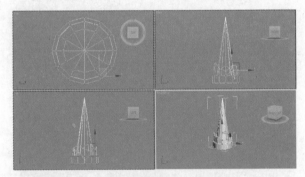

图 3-51

18

创建圆柱体，按图 3-50 所示设置参数。

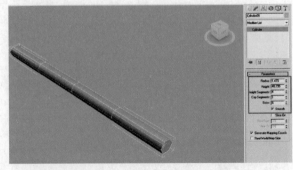

图 3-52

转换后选中面后，单击 Extrude 按钮右侧的 ▢ 按钮，在弹出的对话框中按图 3-53 所示设置参数。

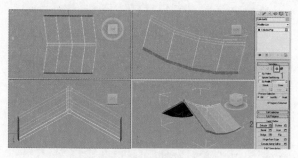

图 3－53

选择 Vertex 子层级，按图 3－54 所示调节点的位置。

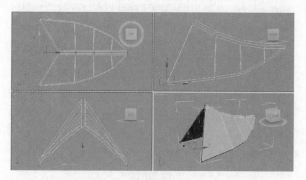

图 3－54

最后再复制 2 次，调整位置，完成效果如图 3－55 所示。

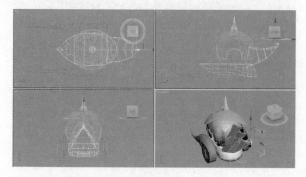

图 3－55

19

在 Front 视图中创建样条线，按图 3－56 所示设置参数。

在 Top 视图中，按〈shift〉键旋转 120°复制 3 个样条线，如图 3－57 所示。

连接边

Remove Isolated Vertices（去除隔离点）：使用这个工具后，将删除所有独立的与其他线或面没有关系的点，不管是否选择该点。

Remove Unused Map Verts（去除没有使用的贴图点）：没用的贴图点可以显示在 Unwrap UVW（贴图坐标）修改器中，但不能用于贴图。可以将这些贴图点自动删除。

Weight（权重）：设置选定顶点的权重，供 NURMS 细分选项和网格平滑修改器使用。增加顶点权重，效果是将平滑时的结果向顶点拉。

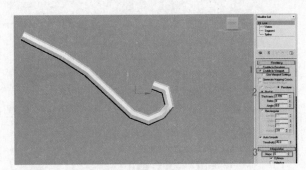

图 3 - 56

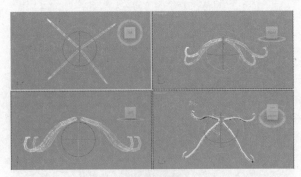

图 3 - 57

把物体移动到适当位置上，效果如图 3 - 58 所示。

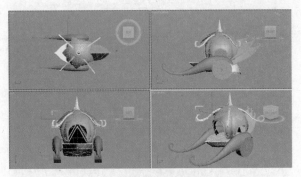

图 3 - 58

20

接下来制作车灯。先创建一个球体，按图 3 - 59 所示设置参数。

创建面片后，转换成可编辑多边形，再调节点的位置，如图 3 - 60 所示。

图 3-59

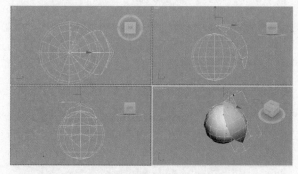

图 3-60

21

在 Top 视图中，旋转复制 3 个，如图 3-61 所示。

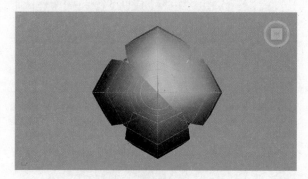

图 3-61

创建样条线，设置参数，制作出如图 3-62 所示的对象。复制 3 个，移动到如图 3-63 所示的位置。

22

在 Left 视图中，创建样条线，如图 3-64 所示。
通过放样得到如图 3-65 所示的物体。

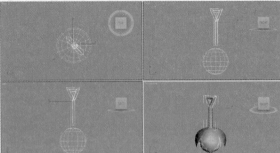

图 3 - 62

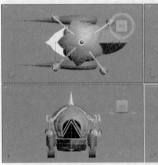
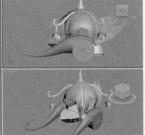

图 3 - 63

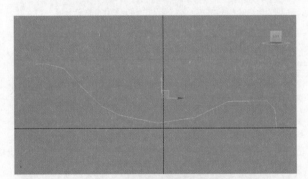

图 3 - 64

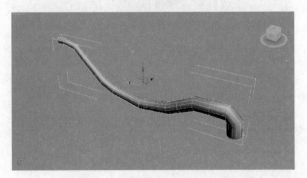

图 3 - 65

23

创建长方体后,使用移动、缩放工具,制作出如图 3-66 所示的物体。

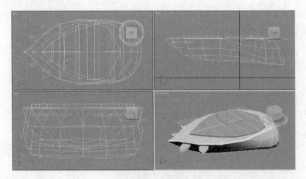

图 3-66

创建样条线,制作出如图 3-67 所示的物体。

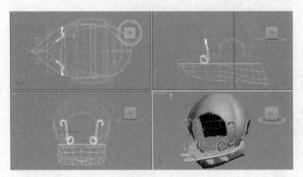

图 3-67

24

这样就完成了南瓜车的制作,最终效果如图 3-68 所示。

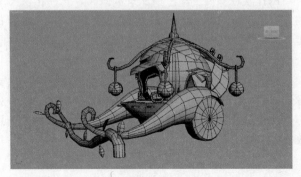

图 3-68

3.2 女孩角色的制作

知识点：多边形角色建模流程，角色头部制作，角色身体制作，角色腿部制作，角色脚部制作

图 3-69

操作提示

角色通常分为写实类型和卡通类型，这里要制作的是一个相对写实的人物角色。主要通过一个平面 Plane 拉出更多的面，调整细节，最后完成模型，就是从局部到整体的制作过程。也可以通过制作 Box，一点点地切割，从整体到局部刻画模型。2 种方法各有所长。

01 基础设置

制作角色模型一般习惯从头部做起。先在正视图中建立一个 Plane（平面），线段数都设置为 1，单击鼠标右键将其转化为 Poly（多边形），如图 3-70 所示。如图 3-71 所示调节点的位置。

打开修改命令菜单，为其添加 Symmetry 命令（镜像）。选择 X 轴，选中 Flip 选项，此时 Plane 会以 X 轴对称，调节左边模型的点时候，同时右边的点也会跟着一起改变，如图 3-72 所示。

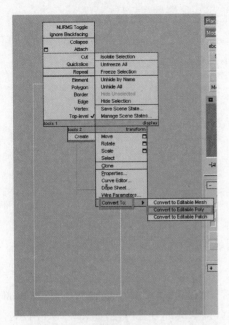

图 3 - 70

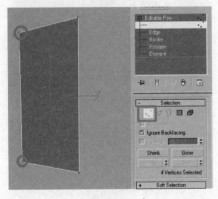

图 3 - 71

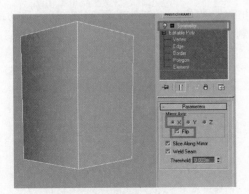

图 3 - 72

使用 Plane 制作模型过程中要经常切换视图，要注意保证每个方向的点调节在准确的位置，不可只顾一个视图。最好有原画参考，可以直接在视图中放置三视图的原画。

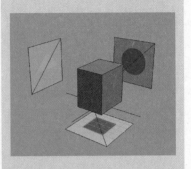

知 识 点 提 示

制作对称的模型常使用 Symmetry 镜像命令，这个命令可以同时观察 2 边，而且可以全部现实。另一个镜像命令 Mirror，也可以用来作为对称命令使用，不过无法显示全部，只能显示所选部分的对称部分。

操作提示

Symmetry命令中,原来的部分显示为橘黄色线条。但选择线编辑时,被选中的线条是黄色的,不容易区分,可以在Subdivision Surface面板中改变2种线条的颜色。

制作角色时必须前后衔接,比如,做鼻子部分的时候就要想好如何布线,布多少线,这些线以后用来制作另外的哪些部分,必须要有预见性,如果发现线不够或者过多时要及时调整和切割。

当再次编辑物体时,镜像的部分会自动消失,如图3-73所示。如果为了方便观察完整的模型,可以打开全部显示按钮。

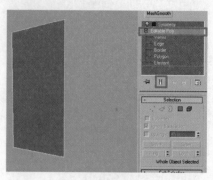

图3-73

然后开始在编辑菜单中编辑物体,原来的部分线会变成黄色,镜像的部分是白色,如图3-74所示。

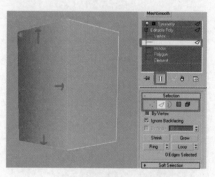

图3-74

02 制作鼻子

选中线,按住〈shift〉键,如图3-75所示移动线的位置,复制出新的面。

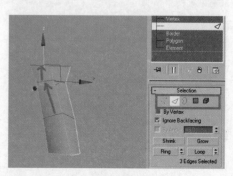

图3-75

选择侧面的线,复制出新的面,做出鼻子的厚度,如图3-76所示。

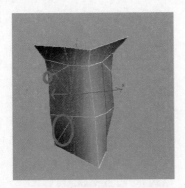

图3-76

在这里要多加一条线,以便下面制作眼睛轮廓。然后复制出鼻子下面的面,并把点合并,如图3-77所示。

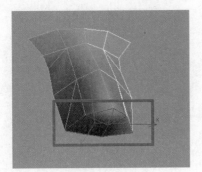

图3-77

03　制作眼睛与脸颊

接着制作眼睛与脸颊。如图3-78所示复制出眉毛的位置,注意布线与点的合并。

图3-78

这里需要制作的是女性角色,所以脸部结构的转折需要做得柔和一些。如果是制作男性角色,那每个关键的骨点都必须表现出来。

制作嘴巴时要注意嘴角的位置、上嘴唇和下嘴唇的关系,以及如何过渡到下巴。如果要做口型动画,则需要把嘴巴的内部结构也做出来。

制作脸部时有人会问,为什么一会是做纵向的面,一会又做横向的面,因为这样做不会只顾局部而忘记了整体,做纵向的结构时不要忘记检查横向的;同样,做横向时也要注意和纵向之间的关系,这样可以保证复制出来的面基本正确。

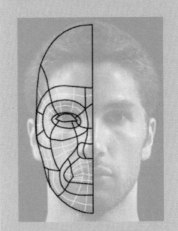

眼睛的制作方法很多,还可以通过一个球形的模型来制作眼球,然后根据眼球的形状做出眼皮结构。

复制鼻子侧面的点,拉出脸颊与人中部分,如图 3 - 79 所示。

图 3 - 79

切换到侧视图,复制如图 3 - 80 所示的线段,制作嘴唇和下巴。如图 3 - 81 所示制作脸颊部分。

图 3 - 80

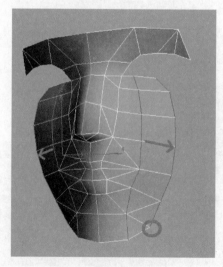

图 3 - 81

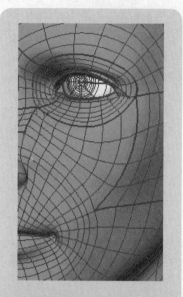

额头部分的面制作得比脸部稍大一些,这是为了直接做出头发包住头部的效果;也可以只做到额头部分,后脑勺的部分不做,只要用头发或其他组成部分遮掩住就行。

知 识 点 提 示

Edit Edges 编辑边子层级面板

Insert Vertex(插入点):手动对可视边界进行细分。在边界上单击可以加入任意多的点,使用右键或者再次按下 Insert Vertex(插

把眼睛部分补全。先在眉骨和颧骨之间补出面，并且分割成眼睛的形状，如图 3-82 所示。

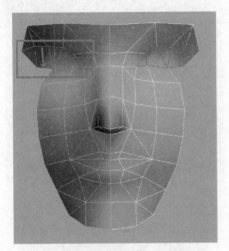

图 3-82

选择脸颊侧面的线，复制出面，做出脸部的转折（凹凸），并且与眼角的点合并，如图 3-83 所示。

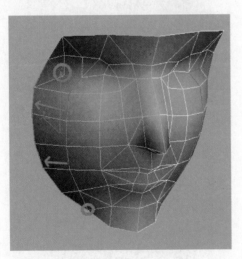

图 3-83

再次选中外围的线，做出脸部的厚度，完成效果如图 3-84 所示，类似于一个面具。在制作过程中注意布线，有些点复制出来后可以与其他点合并，这样可以减少面数，也能做出比较大的转折结构（凹凸）。

继续制作额头与头发。复制眉毛上方的线段，如图 3-85、图 3-86 所示。

入点）按钮后结束当前操作。

Remove（去除）：去除选择的边，执行这个命令后，删除边周围的面会重新进行结合。

Split（分割）：沿选择边分离网格。这个命令的效果不能直接显示出来，只有在移动分割后的边时才能看见。如果只选择了单一的边执行这个命令，只有选择边属于不完全封闭的表面时，才可以进行分割。

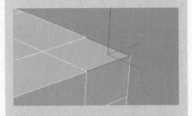

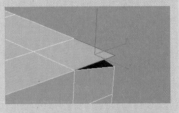

Weld（焊接）：对边进行焊接。在视图中选择需要焊接的边后，使用这个工具，在一定范围内的边会焊接在一起。如果选择边没有被焊接到一起，可以调整右侧的数值输入框中的数值。只有完全封闭的边才可以进行焊接操作；而完全封闭的边，执行这个焊接命令是不会产生任何效果的。

Bridge（桥接）：用来在次物体级别上生成边或者边之间的"连接边"或者"过渡边"。

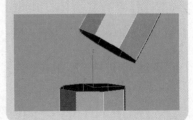

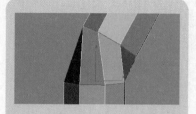

Create Shape from Edges（从边创建曲线）：选择一个或者更多的边后，使用这个工具，可以将选择的曲线创建为新的，不受原来命令影响的独立的曲线。创建新的曲线时，弹出曲线设置窗口，在Curve Name（曲线名称）栏为新的曲线命名，并设置曲线的形式。Smooth（光滑）模式可以强制性地把线段转变成圆滑的曲线，但仍然和顶点呈相切的状态。Linear（直线）模式是以直线把顶点相互连接起来，而且在顶点的连接处没有平滑的过渡。

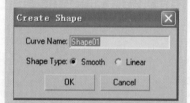

Edit Triangulation（编辑三角面）：使用这个工具后，多变形内部的隐藏的边都会显示出来，并且会呈现为虚线状态。单击多边形的顶点并拖动到对角的顶点为止，鼠标会显示为"＋"图标，释放鼠标后多边形内部的划分方式会发生改变。

操 作 提 示

耳朵的结构其实是五官中最复杂的，这里只做了一个大概的形状，没有制作内部结构，如有兴趣可以参考以下图片，制作耳朵的结构。

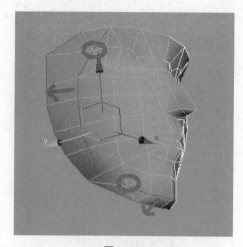

图 3－84

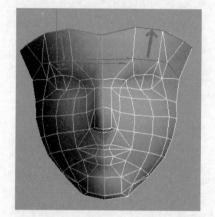

图 3－85

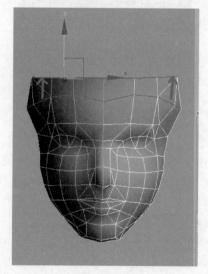

图 3－86

选中所有外围的线，再复制一次，增加整个脸部的厚度，如图 3-87 所示。

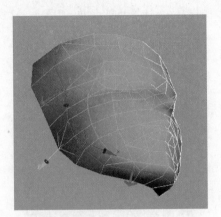

图 3-87

回到头的上部，做出额头的厚度，并且逐渐把头部包起来，如图 3-88、图 3-89 所示。

 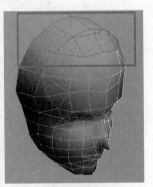

图 3-88   图 3-89

再切换到侧视图，复制如图 3-90 所示的线段，制作头顶与后脑勺部分，如图 3-91 所示。

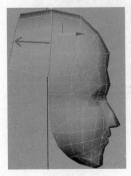 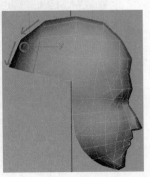

图 3-90   图 3-91

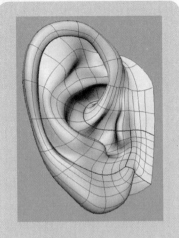

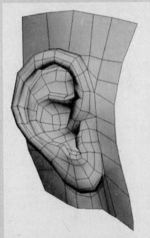

知 识 点 提 示

Selection 选择

在 Editable Poly 中，同样和 Editable Mash（可编辑网格物体）一样，也存在 5 个子物体级：点、线、轮廓线、面、元素。可以自由地在这 5 个子层级中进行切换。为了操作的快捷和节省时间，可以使用这 5 个子层级在键盘上相对应的快捷键来进行切换：〈1〉、〈2〉、〈3〉、〈4〉、〈5〉。

Selection

Vertex（点）：进入点子层级进行编辑操作。

Edge（线）：进入线子层级进行编辑操作。

Border（轮廓线）：用于选择开放的边。在这个子层级下，非边界的边不能被选择，单击边界上的任意边时，整个边界线都会被选择。

Polygon（多边形）：进入多边形子层级进行编辑操作。

Element（元素）：进入元素子层级进行编辑操作。

By Vertex（按顶点）：不打开这个选项时，可以通过单击面的任意一处来选中该面；打开这个选项后，只能通过选择顶点才能将其四周的面选中。

Ignore Backfaces（忽略背面）：由于物体表面法线的关系，物体表面有可能在当前的显示角度不能被显示，看不到的表面在一般情况下是可以被选择和操作的。选中此选项时，可以防止对看不到的表面进行选择和操作。

Shrink（收缩）：打开这个选项后，对当前选择的子物体集合进行外围方向的收缩。

04 制作耳朵

接着制作耳朵，注意点的合并，如图 3 - 92 所示。

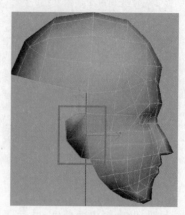

图 3 - 92

复制出后脑勺部分。由于头发和头部是直接在一起制作的，所以头上半部要比脸部大一圈，后脑勺也是，如图 3 - 93 所示。注意把后脑勺与耳朵部分的空隙补起来，重新布线，如图 3 - 94 所示。

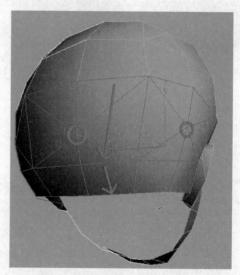

图 3 - 93

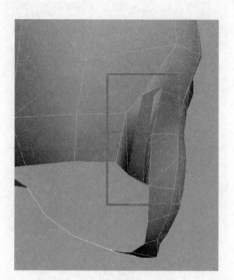

图 3－94

复制耳朵后面的线段，慢慢地开始缩小范围，过渡到脖子部分，如图 3－95 所示。

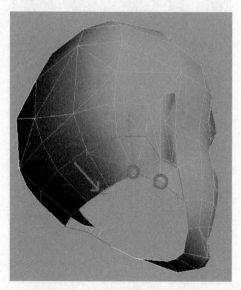

图 3－95

按住〈Shift〉键，使用缩放工具复制出脖子的位置和粗细，合并多余的点，如图 3－96 所示。

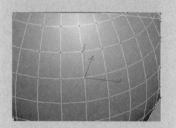

Grow（扩展）：打开这个选项后，对当前选择的子物体集合进行外围方向的扩展。

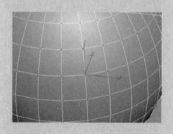

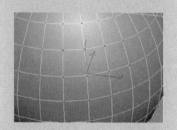

Ring（环状）：打开这个选项后，与当前选择边平行的边会被选择。这个命令只能用于边或轮廓线子层级中。

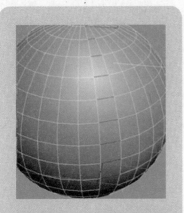

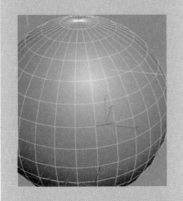

Loop(循环):在选择的边对齐
的方向尽可能远地扩展当前的选
择。这个命令只能运用于边或者
轮廓线子层级中,而且仅仅通过4
点传播。

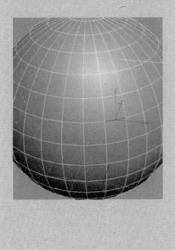

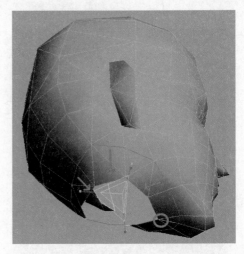

图3-96

然后看一下整体效果,如果部分位置需要微调,就使
用编辑点工具进行调整,如图 3-97 所示。这样头部就
制作完成了。

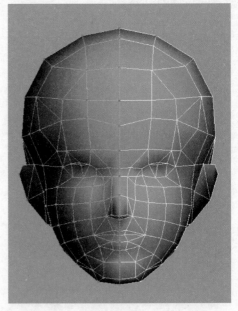

图3-97

05 制作辫子

这个实例制作的是女性角色,所以为角色加上一条
辫子。同样使用线复制面的方法,做出类似发卡的形状,
如图 3-98 所示。继续复制面,做出转折的形状。

图 3 - 98

　　和制作头部一样,不断地复制出新的面,制作步骤参考图 3 - 99。头发的形状可以自行发挥创作。不要忘记把辫子的厚度做出来,并如图 3 - 100 所示加上一些小的细节。

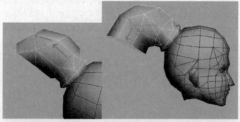

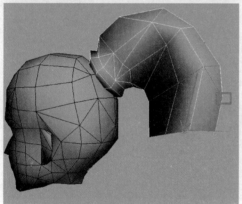

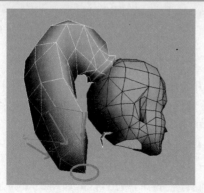

图 3 - 99

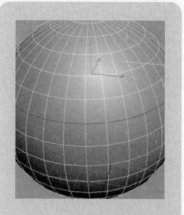

操 作 技 巧

　　制作头发有很多方法,这个模型是把部分头发与头部连在一起做,也可以通过插片面的方法,根据头发的结构,另外做出发型。这里主要是讲解如何制作人体角色,发型可以不必制作,也可按个人喜好自由发挥。

　　这里简单介绍了制作马尾辫的方法,主要使用移动 + 复制、缩放 + 复制的方法。

　　注意制作头发时,如果需要用片面的方法制作头发,必须使用 Alpha 通道,做出片面透明的效果。

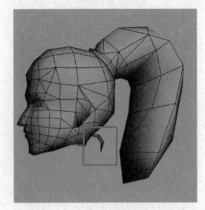

图 3 – 100

最后再检查一下三视图的布线，头部制作完成，效果如图 3 – 101 所示。

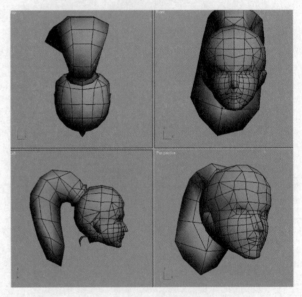

图 3 – 101

06 制作身体

现在开始制作身体。从脖子的空隙复制不同方向的面，把身体制作出来。先选中脖子处的线段，往下复制，如图 3 – 102 所示。

复制并放大所示部分，做出肩膀和锁骨，如图 3 – 103、图 3 – 104 所示。

再复制背后的面，做出背部，如图 3 – 105 所示。

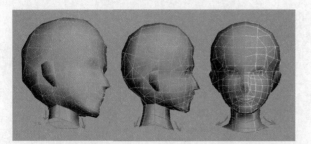

图 3 - 102

图 3 - 103

图 3 - 104

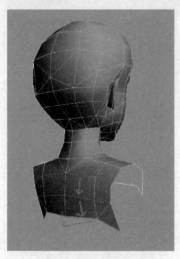

图 3 - 105

复制正面的线段，做出胸部的上半部分，如图 3 - 106 所示。

把前后部分连起来。注意，不要把手臂的地方填满，留出空白部分，如图 3 - 107 所示。

如图 3 - 108 所示，选择线段，按箭头方向往下拉。拉时注意背面的方向。

操 作 技 巧

这里制作的模型带一点卡通的风格，所以脖子的刻画比较简单，以下是脖子细节的参考。

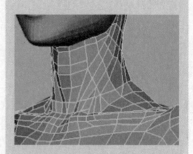

通过线来复制面，不仅可以使用移动工具，缩放和旋转也能起到同样的效果，主要看具体的应用对象，比如脖子这里是环状，使用缩放工具往里复制比较方便。

女性的肩膀比较窄，注意制作肩膀时不要做得过宽，过于强壮，要有柔和的转折。制作锁骨位置时，要计算下面胸部的位置，注意倾斜的角度，背部也有微微的曲折。

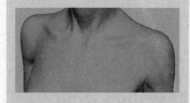

从图 3－106 中可以看到，一些较大的转折部分通常都使用了三角面，这样方便节约面数，而且光滑时也不容易出错，只要注意合并点的位置和连线的方向会影响到光滑的效果。

注意这里特地留出来的地方，不要去补面，以后直接复制出手臂的位置，所以事先做得尽量圆一些。

图 3－106　　　　　　　　　图 3－107

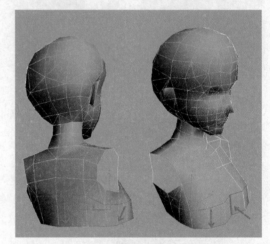

图 3－108

注意这里胸部的制作。这个模型不是全裸的贴图，需要加上衣服，可以直接绘制在身上。如果要另外添加衣服，也可以在模型外再套一个衣服的模型。因为是要直接在模型上画衣服，胸部制作时稍微改变了一下布线的范围，如果要制作没有衣服的模型，只需把胸部中间的点再往里移动即可。

选择正面的线，做出胸部的轮廓，如图 3－109、图 3－110 所示。

身体部分是由脖子处的面复制而来，所以刚才脖子处留了多少面，关系到后面身体部分的布线。

制作身体的时候，正面和背面的线段数尽量保持一致，这样方便把前后连接起来。

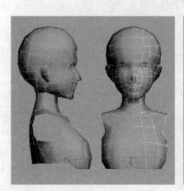 

图 3－109　　　　　　　　　图 3－110

接着往下复制面，做出腰的形状，如图 3－111 所示。

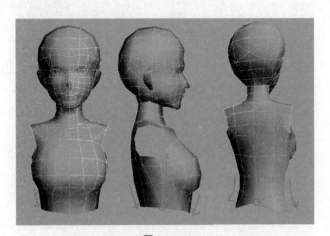

图 3－111

然后开始制作臀部。用同样的方法，按照图 3－112 所示方向复制面，再往下复制一次。注意臀部后面的布线，图 3－113 所示。

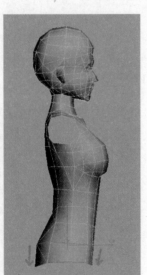

图 3－112   图 3－113

使用缩放工具复制面，保留大腿的位置，合并多余的点。这样头和身体就制作完成了，效果如图 3－114 所示。

制作背部时注意背部的弧度，与臀部连接的地方也要特别注意。

从正视图可以看到，女性身体肩膀和胯骨的比例正好与男性相反。男性身体是肩膀比较宽，而女性则是胯骨比较宽。这些细微的地方就是制作模型时一定要表现的特征。

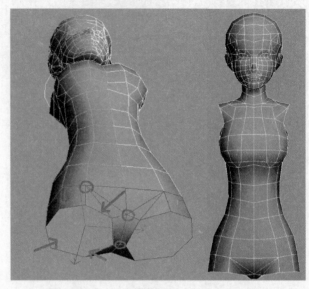

图 3 - 114

07　制作手臂

　　手部的建模是比较困难的,这里制作较简单的模型。为了方便操作,先不使用镜像命令,全部制作完成以后,可以再添加镜像命令。从肩膀处开始复制面,如图 3 - 115 所示。

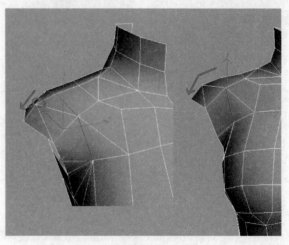

图 3 - 115

　　多复制一层面,如图 3 - 116 所示。然后复制出上臂,如图 3 - 117、图 3 - 118 所示。

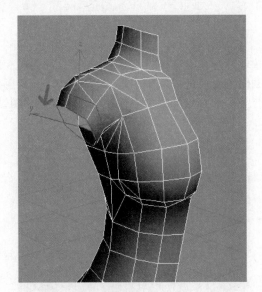

图 3 – 116

注意二头肌和三头肌的位置和关系。制作关节部位时可以适当增加面数。通常关节部位要放置几圈线，一是可以表现关节的转折，二是方便绑定骨骼和权重，在制作动画时贴图不会因为模型的弯曲而产生过大的拉伸情况。

制作手臂时比较复杂的是肩膀部分，很容易做得过大或是过小，需要格外仔细调节每个点的位置。关节处制作较多的面，是为了制作动画时，模型的动作使贴图产生拉伸，面数越多拉伸的情况就可以减少，而且弯曲也会更加自然。

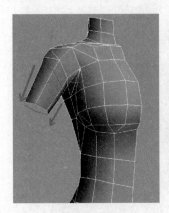

图 3 – 117

图 3 – 118

做出肘部的结构，然后复制出小臂，如图 3 – 119 所示。

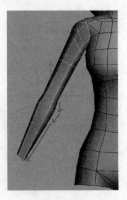

图 3 – 119

手部主要分为手掌和手指，手掌又分为手心和手背，区分这3个部分，就比较容易掌握手的制作。一般情况下手指都是做成笔直的，方便绑定骨骼。这里制作弯曲的手指，可以增加联系建模调节点的技巧。

08　制作手

接着开始制作最复杂的部分——手。用比较少的面数来制作。分别复制2边的面，做出手背和手心，手心里可以合并掉一些点。注意手腕处也同样多做一圈结构，如图3-120所示。

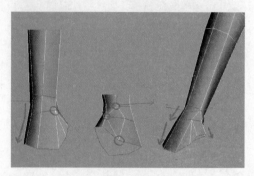

图3-120

然后先做出大拇指的根部和虎口位置，如图3-121所示。

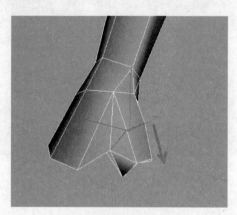

图3-121

如图3-122所示，复制出另外4个手指的关节部位，只要平均分4个面就可以。注意手心的结构，手掌中正好是凹陷进去的，所以合并为一个点。

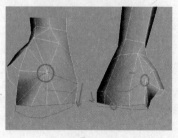

图3-122

在编辑面板中选择第三个线段编辑功能，单击 Cap 按钮，把面补起来，如图 3－123 所示。

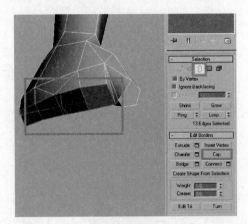

图 3－123

先选择食指和无名指的位置，单击 Exturde 按钮，把面挤压出来。如图 3－124 所示设置参数，注意坐标使用 Local Normal（自身坐标）。

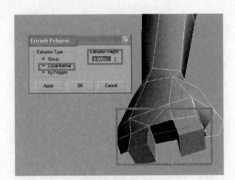

图 3－124

选择中指和小指部位，使用 Bevel（倒角）命令，如图 3－125 所示设置参数。

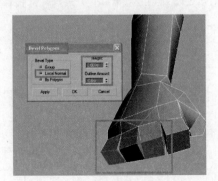

图 3－125

注意：Bevel 这个命令和 Exturde 命令有所不同，它可以在挤压的基础上再增加缩放的效果。

这里使用了 2 种挤压命令。制作手指需要一根一根手指分别做出挤压，不要 4 根手指同时挤压，这样手指的面还是合在一起。

每个模型制作的原理都是一样，有些地方不太容易被看见的，在这种地方就可以大胆地节约点的使用，比如这里手心里几乎合并了所有的点，这样也方便之后展开 UV。

然后把 4 个面删除，继续使用线复制面的方法来制作手指的其他关节，如图 3－126 所示。

图 3－126

为了使制作的角色更加自然一些，可以把手指关节稍微弯起来，这样角色不会显得太僵硬。注意调节点的位置，如图 3－127 所示。

图 3－127

注意每根手指的长度和比例、关节的数量、转折的程度。指尖时可以稍微制作得细长一些，看起来像有指甲的效果。

重复上一步操作，做出手指的最后一节，如图 3－128 所示。

把手指中间的面补起来，增加一点线，使手指看起来饱满一些，如图 3－129 所示。最后做一些局部调整，手就完成了。

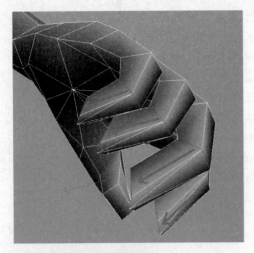

图 3 - 128

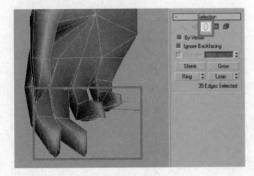

图 3 - 129

09 制作腿

最后建模的部分是腿和脚。腿和脚相对手部来说要简单一些。先从身体空出大腿的位置开始复制面,如图3-130 所示。注意腿部与臀部之间的联系。

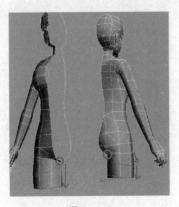

图 3 - 130

和手臂处一样,到大腿处时留出大腿位置的部分,并且调整形状。

注意腿部的结构,小腿的肌肉和膝盖部分需要重点表现。

这里是把鞋子和脚部做在一起,如果需要做出脚趾,方法和制作手指一样。

继续往下复制，制作大腿部分。如图 3 - 131 所示。注意布线的方向，与人体的肌肉走势保持一致。

膝盖属于比较重要的关节，所以要注意膝盖位置。如图 3 - 132 所示复制出膝盖的结构。

小腿与膝盖的连接部分要格外注意，不要忘记小腿的肌肉部分，如图 3 - 133 所示。

图 3 - 131

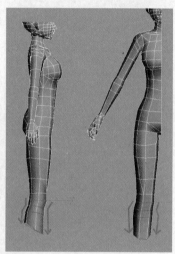

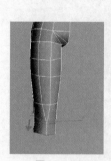

图 3 - 132   图 3 - 133

复制面并往下拉，直到脚踝处，制作出相应的结构，如图 3 - 134 所示。

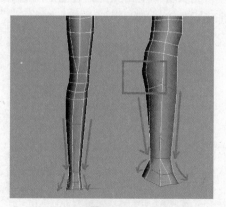

图 3 - 134

10　制作脚部

　　最后制作脚部。这里为了使模型看起来更高挑一些，在脚部的基础上增加了高跟鞋的细节。先做出脚跟位置，如图3－135所示。再复制出内脚背和外脚背，然后制作脚背，如图3－136、图3－137所示。

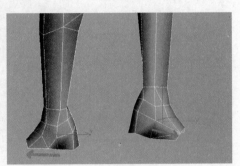

图3－135　　　　　　　　图3－136

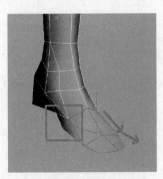

图3－137

　　继续往下复制面，做出脚的厚度及高跟鞋鞋跟，如图3－138所示。

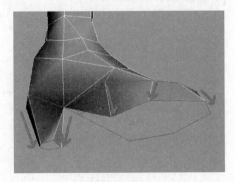

图3－138

　　如果不想制作鞋子，也可以直接制作脚部，参考布线图如下：

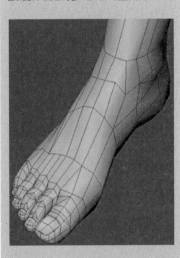

最后把面补起来，完成建模。添加一个镜像命令，看看整体效果，如图 3 - 139 所示。注意布线的方向和结构。

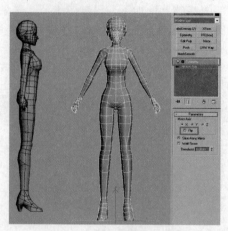

图 3 - 139

合并镜像中间的点，如图 3 - 140 所示。

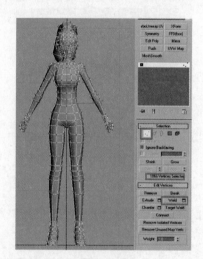

图 3 - 140

如果要使用塌陷镜像命令，记住要把中间的点合并。镜像命令是生成对称的模型，就是复制一个新的模型，点也是复制的。

知 识 点 提 示

角色的整体模型基本完成，为了观察贴图的最终效果，所以先把模型镜像，这样也能检查整体的结构

3ds Max

动漫三维项目制作教程

本章小结

　　本章中详细介绍多边形建模的方法，所用的案例都是作者多年教学和实际制作项目总结出来的典型案例，包括低模的道具、低模小场景的制作以及角色制作。由于多边形建模也是游戏和动漫建模的一种重要方法，所以读者还需多加练习，在了解制作方法的基础上，多想和多做来提高建模能力。

课后习题

❶ 在 Edit Polygon 里（　　）不是挤压面的方式。

　　A. Group　　　　　　B. Local Nomal　　　C. By polygon　　　　D. None

❷ 以下叙述正确的是（　　）。

　　A. 多边形的点不能挤压

　　B. 按住〈Ctrl〉键移除多边形的线，能把顶点一起移除

　　C. 选中多边形的边线，按住〈Shift〉键不能挤出一个面

　　D. Connect 的快捷键是〈Ctrl〉+〈Shift〉+〈C〉

❸ 使用多边形建模工具，参考图 3 - 141 制作出模型。

❹ 使用多边形建模工具，参考图 3 - 142 制作出模型。

图 3 - 141

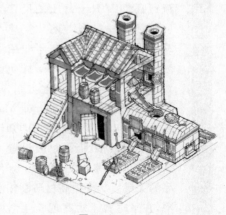

图 3 - 142

4

3D 材质设置艺术

本课学习时间：12 课时

学习目标：熟悉 3ds Max 材质基本知识及制作流程，掌握标准材质和 V-Ray 材质的应用

教学重点：对创建及制作材质各属性的认识，了解设置效果

教学难点：如何灵活制作材质模拟真实

效果

讲授内容：标准材质贴图简介，标准材质样例制作，基础材质的高级运用，Mental Ray 材质实例制作，V-Ray 材质实例制作

课程范例文件：\chapter4\材质设置.rar

本章课程总览

　　本章将全面讲解 3ds Max 材质的基本概念和基础知识，讲解流行插件 V-Ray 材质的设置与应用。通过实例讲述几类典型 3D 标准材质的制作，还介绍了 3ds Max 的 Mental Ray 材质设置、热门插件 V-Ray 材质制作，让读者能够更好地掌握 3ds Max 各类材质知识要点。材质的知识点并不是很多，但是材质设置在 3D 制作中非常重要，是一个好作品的关键。想要提高材质制作水平，在平时善于观察现实生活中物体的质感是相当重要的。

案例一　木板上的静物

案例二　浴室一角

案例三　摩托车

案例四　餐厅特写

知识点:标准材质/贴图简介,木板材质制作,陶瓷材质制作,报纸材质制作,标准金属材质制作

图 4-1

01 材质贴图简介

在使用材质编辑器制作物体材质之前,先来大致认识一下材质和贴图面板。在 3ds Max 工具面板上单击 图标弹出材质编辑器面板,或者用默认的快捷键〈M〉,如图 4-2 所示。

02 材质调节流程介绍

在本节中将对案例中所用的主要材质的做法逐个进行详解,包括木板材质、报纸材质、陶瓷材质、金属材质。打开本书配套素材桌上静物实例模型。由于材质必须在有光线的情况下才有效果,这个模型的场景已经设置好了灯光和摄像机,如图 4-3 所示。

知 识 点 提 示

材质是反映模型质感的重要因素之一,它综合反映物体的表面颜色、反光度、反光强度、不透明度、自发光等,并且影响到物体的纹理、反射、折射、凹凸等特性。

标准类型材质是我们使用率最高的材质编辑模式,同时也是其他特殊类型材质的基础材质,我们应该重点掌握该类型材质编辑方法。3ds Max 提供了强大的材质编辑器功能和贴图类型结合使用,反复地调整可以做出质感很真实的材质。

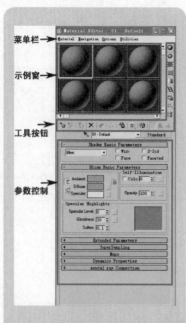

菜单栏
示例窗
工具按钮
参数控制

材质编辑器工具图标

：从材质库中获取材质。

：指定材质。

：将材质恢复默认状态。

：对当前材质制作副本。

：保存材质和贴图

：制作材质特效。

：在视图中显示材质贴图。

：设置样本球的显示方式。

：增加方格背景，常用于编辑透明材质。

：根据材质选择场景物体。

Sample UV Tiling（样本重复贴图）

用来测试贴图重复的效果，这只改变示例窗中的显示，并不对实际的贴图产生影响，其中包括几个重复级别。

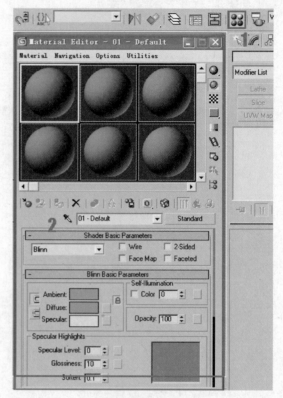

图4-2

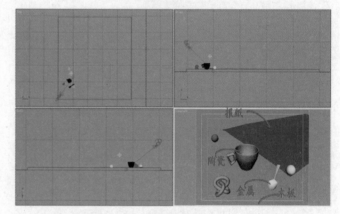

图4-3

03 陶瓷材质命名

现在为杯子设置一个陶瓷材质。单击 按钮进入材质编辑器，选择一个空白材质球，将其命名为"陶瓷"，如图4-4所示。

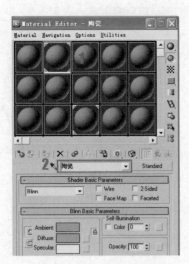

图 4-4

04　陶瓷材质基本参数设置

单击 Diffuse（漫反射）颜色框，在弹出的窗口里将 RGB 参数设为（R：124，G：124，B：124），如图 4-5 所示。

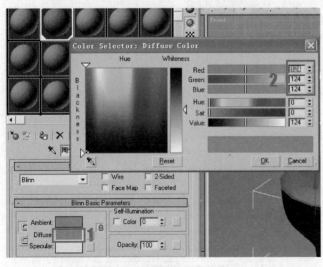

图 4-5

单击取消 Ambient（环境光）前面的锁定按钮，再单击 Ambient 按钮，在弹出的对话框中将 RGB 参数改为（R：116，G：116，B：116），如图 4-6 所示。

调好颜色后，再调节材质的高光和光泽度，把 Specular Level（高光级别）值设为 146；Glossiness（光泽度）值设为 8，如图 4-7 所示。

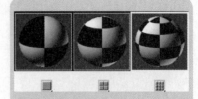

Make Preview（制作预视动画）

用于制作材质动画的预视效果，对于进行了动画设置的材质，可以使用它来实现观看动态效果，单击它会弹出一个设置框。

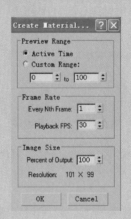

Play Preview（播放预视）

启动多媒体播放器，播放预视动画。

Save Preview（保存预视）

将刚才完成的预视动画以 avi 格式进行保存。

Shader Basic Parameters（明暗器基本参数）编辑器卷栏

Wire（线框）

2 - Sided(双面)

Face Map(面贴图)

无面贴图效果　　　　加面贴图效果

Faceted(面状)

无　　　　　　有

各种默认材质滤光器

Anisotropic(各相异性材质):
可以通过 Anisotropy 和 Orientation
两个材质,使高光变窄和改变角
度,可以产生棱形的高光。

Blinn(布林材质):最常用的
Shader 之一,可以制作陶瓷、陶土、
布料、玻璃、塑料等效果。

Metal(金属材质):制作金属
专用的 Shader。

Multi - Layer(多层材质):与
Anisotropic 非常类似,可以产生2层
的高光,产生更凌乱的高光效果。

Oren-Nayer-Blinn(表面粗糙对
象):适合做一些较为粗糙的效果。
例如织物和陶器等通常也可以用

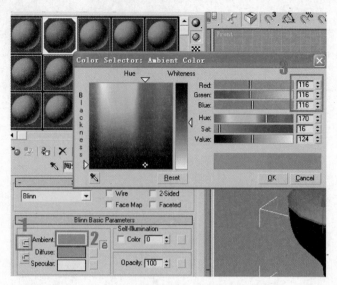

图 4 - 6

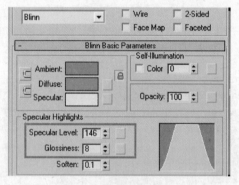

图 4 - 7

05　陶瓷材质反射效果设置

最后给材质设置一个反射效果,展开 Maps(贴图)卷
栏,如图 4 - 8 所示。

Shader Basic Parameters
Blinn Basic Parameters
Dynamics Properties
SuperSampling
Maps　　展开
DirectX Manager
Extended Parameters
mental ray Connection

图 4 - 8

单击 Reflection(反射)项的 None,双击 Raytrace(光线跟踪),如图 4-9 所示。

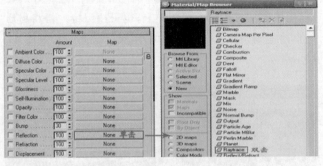

图 4-9

再按  按钮回到 Maps(贴图)卷栏,如图 4-10 所示。把 Reflection(反射)参数改为 20,如图 4-11 所示。

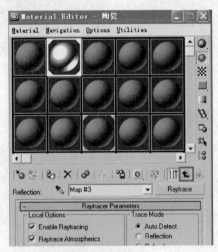

图 4-10

图 4-11

于模拟布、土坯和人的皮肤等效果。

Phong(塑胶材质):这种类型常用于表现玻璃制品、塑料等非常光滑的表面。不同于 Blinn(圆形高光),它所呈现的反光是柔和的。

Strauss(金属):也用于金属材质。参数较少,但比 Metal 材质做出的金属质感要好,制作的材质比较逼真。但不能调整自发光。

Translicent Shader(半透明):专用于表现半透明的物体表面,例如蜡烛、玉饰品、彩绘玻璃等。

Blinn Basic Parametes(Blinn 材质基本参数)卷栏

Ambient:环境光。

Self-Illumination:自发光。

Diffuse:漫反射。

Color:颜色。

Specular:高光反射。

Opacity:不透明度。

Specular Hightlights:反射高光。

Specular Level:高光级别。

Glossiness:光泽度。

Soften:柔化。

编辑器 Maps(贴图)卷栏

Ambient Color:环境光颜色。

Diffuse Color:漫反射颜色。

Specular Color:高光颜色。

Specular Level:高光级别。

Glossiness:光泽度。

Self-Illuminatio:自发光。

Opacity:不透明度。

Filter Color:过滤色。

Bump:凹凸。

Reflection:反射。

Refraction:折射。

Displacement:置换。

标准材质类型

Standard(标准)

是默认的材质方式,拥有大量的调节参数,通用于绝大部分模型表面,并且在制作游戏角色时。由于游戏引擎只能识别标准材质,所以一般赋予模型最基本的标准材质。

Raytrace(光线跟踪)

可以创建完整的光线跟踪反射和折射效果,主要是加强反射和折射材质的制作能力,同时还提供雾效、颜色密度、半透明、荧光等许多特效。

Matte/Shadow(无光/投影)

能够将物体转换为不可见物体,这种物体本身不显示在场景中,但可以反映其他物体在其上形成的阴影。

Advanced Lighting Override(高级照明)

是一种新增的材质类型,主要用于调整优化光能传递求解的效果。对于高级照明系统来说,这种材质并不是必需的,但对于提高渲染效果却很重要。

06 赋予陶瓷材质给茶杯

选中茶杯物体,在材质编辑器上选中刚刚调好的材质,单击 按钮,赋予到茶杯上;也可用鼠标左键将材质球直接拖到茶杯上,如图4-12所示。最终效果如图4-13所示。

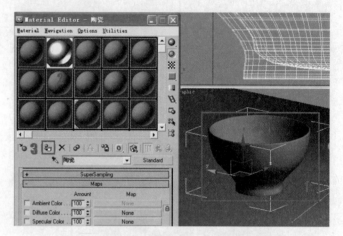

图4-12

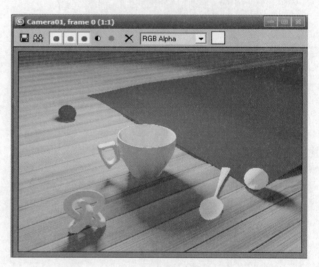

图4-13

07 木板材质制作

在本节的实例中,还要为桌面设置一个木纹材质。单击 按钮进入材质编辑器,选择一个空白材质球,将其命名为"木板",如图4-14所示。

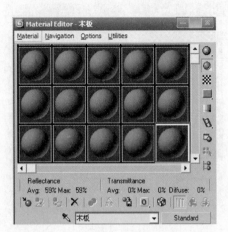

图 4 - 14

展开 Maps(贴图)卷栏,单击 Diffuse Color(漫反射颜色)项的 None 按钮,如图 4 - 15 所示。

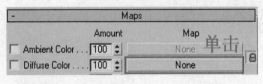

图 4 - 15

在弹出的 Material/Map Browser(材质/贴图浏览器)窗口中单击 Bitmap(位图),找到并打开一张木纹图片,如图 4 - 16 所示。

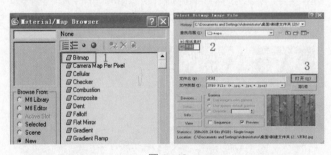

图 4 - 16

然后单击 ⬆ 按钮回到 Maps 卷栏,如图 4 - 17 所示。

选中木板物体,单击 🎱 按钮,赋予材质到桌面,如图 4 - 18 所示。

单击纹理按钮 🎱 ,在视图中将材质显示出来,如图 4 - 19 所示。

Lightscape

用于支持 Lightscape 软件数据的导入与导出。

Ink'n Paint(卡通)

能够赋予物体二维卡通的渲染效果。

Shell(外壳材质)

专用于贴图烘焙的制作。

Blend(融合)、Composite(合成)、Double Sided(双面)、Morpher(变形)、Multi/Sub-Object(多维次物体)、Shellac(虫漆)、Top/Bottom(顶/底)。

几种材质都属于混合材质,特点是可以通过各种方法将多个不同类型的材质组合在一起。

贴图知识

贴图在材质编辑器中应用十分广泛,3ds Max 内置共有 35 种贴图类型,每种类型的功能都非常强大。这些贴图类型可以分别指定在"贴图"展卷栏的 12 种贴图方式上,如果制作思路正确,指定的贴图类型越多,则材质效果更为真实。3ds Max 的所有贴图类型按功能进行划分可以分为 5 大类。

二维贴图:在模型的平面上进行贴图。

三维贴图:属于程序类贴图,需要程序设置和参数调整来产生贴图效果。

复合贴图:将各种贴图进行复合。

颜色修改贴图:改变模型材质表面的颜色。

反射/折射贴图:制作材质的反射和折射效果。

操作 提 示

　　在制作新的材质之前,先将材质球进行正确命名,养成一种习惯,便于在制作过程中快速准确地找到相应材质,从而大大提高制作效率。

　　在制作本案例材质之前,在场景中布置了一盏泛光灯,具体位置如下图所示。

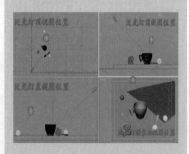

知 识 点 提 示

　　材质的制作过程其实是很繁琐的,因为材质本身是一个不断调节的过程。材质的表现与灯光息息相关,一般情况下都是在没有对场景布置灯光之前,凭经验先将每个材质和贴图设置好,然后在调节灯光的过程中,对材质进行不断的改进和完善,从而达到最终的效果。

　　材质描述对象如何反射或透射灯光。在材质中,贴图可以模拟纹理、应用设计、反射、折射和其他效果(贴图也可以用作环境和投射灯光)。"材质编辑器"是用于创建、改变和应用场景中的材质的对话框。

操 作 提 示

在对 Ambient 和 Diffuse RGB

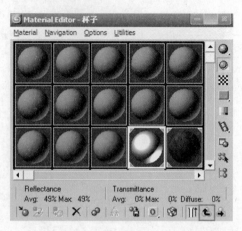

图 4 - 17

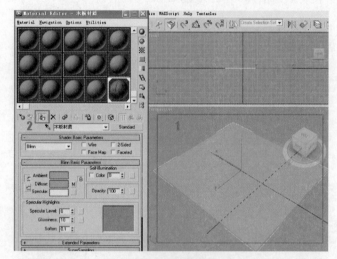

图 4 - 18

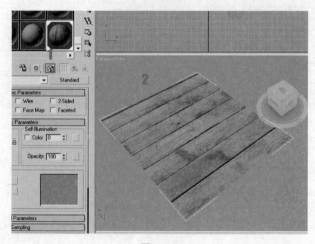

图 4 - 19

08　调整纹理的重复

进入贴图的控制层级,将 Tiling(贴图重复)改为 2,可以看到纹理在 U 和 V 的方向重复了 2 次,如图 4 - 20 所示。

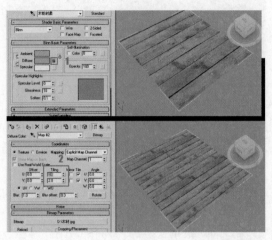

图 4 - 20

09　木板材质凹凸的设置

将刚才赋予好的桌面材质拖动关联复制到 Bump (凹凸)项的 None 按钮下,将参数改为 80,单击 按钮,赋予到桌面,如图 4 - 21 所示。最终效果如图 4 - 22 所示。

−	Maps	
	Amount	Map
☐ Ambient Color . . .	100	None
☑ Diffuse Color	100	Map #23 (木材.jpg)
☐ Specular Color . .	100	None
☐ Specular Level .	100	None
☐ Glossiness	100	None
☐ Self-Illumination .	100	None
☐ Opacity	100	None
☐ Filter Color	100	None
☑ Bump	80	Map #23 (木材.jpg)

图 4 - 21

进行调节前,关闭它们左边的 按钮。关闭后就能对环境光和漫反射 RGB 值分开调节。

要增加一次可见的示例窗数量,用鼠标右键单击某个示例窗,然后从弹出菜单中选择"5×3 示例窗"或"6×4 示例窗"。

知 识 点 提 示

只有选择的颜色和其他属性看起来如同真实世界中的对象时,材质才能给场景增加更强的真实感。本实例提供了选择标准材质颜色的一些一般原则。只要可能,应该随时观察正在建模的对象颜色,尤其在不同的灯光环境下。对于那些希望引起观众注意的对象,通常没有贴图的标准材质不能提供所希望的真实感细节。然而,对于远处和外围的可见对象,以及某些真实世界中的材质,例如模制塑料,未经贴图的材质也能提供较好的效果。将贴图数量保持最少有助于减小文件大小。

标准材质用于设置组件颜色、光泽度和不透明度等属性。还可以用标准材质将贴图应用到各个组件,以便得到各种效果。某些其他材质也有这些特征。部分材质(如多维/子对象材质或双面材质)只有用于组合其他材质的控件。

材质和灯光组合在一起起作用。灯光照在物体表面的光照强度决定了显示的颜色强度。灯光强度、入射角、距离 3 种因素决定了灯光照在物体上的光照强度。

更改材质的着色类型时,会丢失新明暗器不支持的任何参数的设置(包括贴图指定)。如果要使用相同的常规参数对材质的不同明暗器进行试验,则在更改材质的明暗处理类型之前,将其复制到不同的示例。采用这种方式时,如果新明暗器不能提供所需的效果,则仍然可以使用原始材质。

操 作 提 示

在制作金属材质的过程中为材质球添加了一个 Color(自发光)。增加自发光是由于调羹在场景中比较黑,不能更好地体现金属的质感,因此给它做了一点小小的提亮。

"材质编辑器"一次不能编辑超过 24 种材质,但场景可包含不限数量的材质。如果要彻底编辑一种材质,并已将其应用到场景中的对象,则可以使用示例窗从场景中获取其他材质(或创建新材质),然后进行编辑。

下面图像中红圈区域的物体材质均是不同颜色的透明材质。在后面的实例中将会对透明物体的做法进行详细讲解。

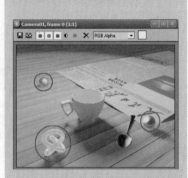

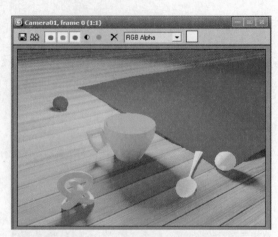

图 4 - 22

10　报纸材质制作

单击 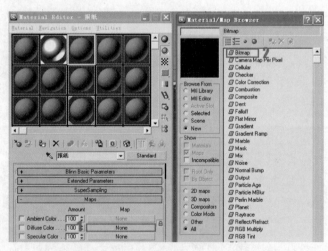 按钮进入材质编辑器,选择一个空白材质球,将其命名为"报纸"。展开 Maps(贴图)卷栏,单击 Diffuse Color(漫反射颜色)项的 None 按钮,在弹出的对话框中选择 Bitmap(位图),如图 4 - 23 所示。

图 4 - 23

在弹出的对话框中找到本例提供的素材文件"报纸素材. jpg",选择为其赋予报纸贴图,如图 4 - 24 所示。

把材质赋予给报纸物体后的效果如图 4 - 25 所示。

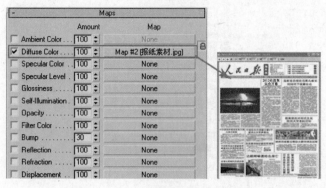

图4-24

图4-25

11　报纸材质调整

　　从渲染测试画面看到,报纸的材质过亮,接下来对报纸材质进行明暗调节。单击 ⬚ 按钮进入材质编辑器,打开 Blinn Basic Parameters(Blinn 基本参数)面板,单击 Diffuse 旁边的按钮,如图4-26所示。

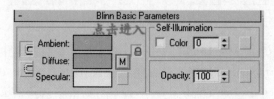

图4-26

图 4 - 27

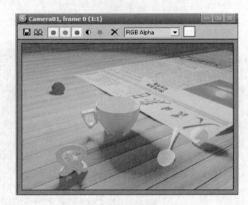

图 4 - 28

在 Output(输出)卷栏下选中 Enable Color Map(启用颜色贴图),如图 4 - 27 所示。最终效果如图 4 - 28 所示。

12　金属材质制作

单击  按钮进入材质编辑器,选择一个空白材质球,将其命名为"调羹"。将 Shader Basic Parameters(明暗器基本参数)卷栏下的 Blinn(Blinn 材质)改为 Metal(金属材质),如图 4 - 29 所示。

图 4 - 29

单击 Metal Basic Parameters(金属基本参数)卷栏下的 Ambient(环境光),设置颜色值 RGB 参数为(R:166,G:166,B:166);单击 Diffuse(漫反射),设置 RGB 参数为(R:205,G:205,B:205);设置 Specular Level(高光级别)为 170,Glossiness(光泽度)为 71,Color(颜色)为 3,如图

4 - 30 所示。

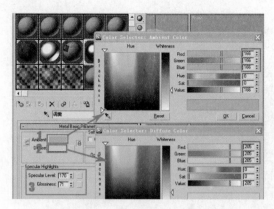

图 4 - 30

同样对材质球的反射添加光线跟踪材质,将反射参数设为 35,如图 4 - 31 所示。最后单击 按钮将材质赋予调羹。最后这组静物调整完成的效果如图 4 - 32 所示。

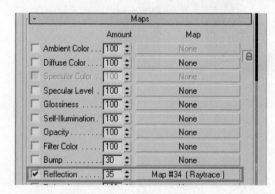

图 4 - 31

图 4 - 32

4.2 浴室一角

知识点：瓷砖材质，布艺材质，玻璃材质，水材质，多维子材质

图 4 - 33

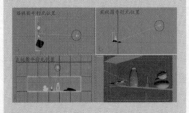
01 瓷砖材质制作

打开本书素材文件"浴室一角. max"，如图 4 - 34 所示。按快捷键〈M〉进入材质编辑器，选择一个空白材质球，将其命名为"瓷砖"。

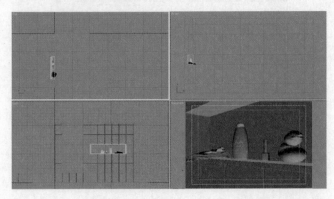

图 4 - 34

展开 Maps(贴图)卷栏,单击 Diffuse Color(漫反射颜色)项的 None 按钮,选择 Bitmap(位图)贴图类型格式,在打开的文件中选择"意大利 331"瓷砖贴图,如图 4-35 所示。

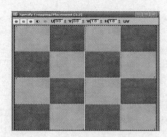

图 4-35

单击 ↰ 按钮回到 Maps 卷栏,单击 Reflection(折射)项的 None,找到 Raytrace(光线追踪)并双击,如图 4-36 所示。

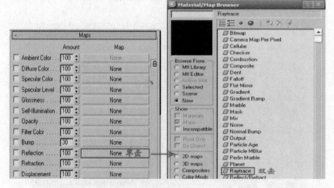

图 4-36

再按 ↰ 按钮回到 Maps 卷栏,将 Reflection 参数改为 30,如图 4-37 所示。

图 4-37

阵生成的图像,如马赛克。位图可以用来创建多种材质,从木纹和墙面到蒙皮和羽毛。也可以使用动画或视频文件替代位图来创建动画材质。

Checker 方格贴图

方格贴图将两色的棋盘图案应用于材质。默认方格贴图是黑白方块图案。方格贴图是 2D 程序贴图。组件方格既可以是颜色,也可以是贴图。方格贴图有时用来进行对游戏贴图的 UV 分布进行检查。

Tile 平铺贴图

使用"平铺"程序贴图,可以创建砖、彩色瓷砖或材质贴图。通常,有很多定义的建筑砖块图案可以使用,但也可以设计一些自定义的图案。可以加载纹理并在图案中使用颜色,还可以控制行和列的平铺数以及控制砖缝间距的大小和其粗糙度。

渐变贴图

Noise(噪波)：噪波图案是用于创建外观随机图案的方式，非常复杂，但是应用广泛，常用于制作石头表面、水面等材质。这些图案具有分形图像的特征，因此还适用于模拟自然的曲面。噪波参数彼此紧密交互。每个参数的少许变化都可能创建明显不同的效果。

Falloff(衰减)：产生两色过渡的效果。基于几何体曲面上面法线的角度衰减来生成从白到黑的值。用于指定角度衰减的方向会随着所选的方法而改变。然而，根据默认设置，贴图会在法线从当前视图指向外部的面上生成白色，而在法线与当前视图相平行的面上生成黑色。

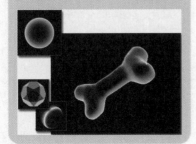

回到 Blinn Basic Parameters(Blinn 基本参数)卷栏，将 Specular Level(高光级别)设为 44，Glossiness(光泽度)设为 10，如图 4-38 所示。

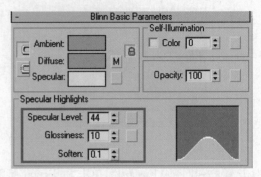

图 4-38

将调好的材质赋予台面，效果如图 4-39 所示。

图 4-39

02 布艺材质制作

单击 按钮进入材质编辑器，选择一个空白材质球，将其命名为"毛巾"。展开 Maps 卷栏，单击 Diffuse Color 项的 None 按钮，找到 Falloff(衰减)并双击，如图 4-40 所示。

在 Falloff Parameters(衰减参数)卷栏下分别单击黑色和白色旁边的 None 按钮，在各自弹出的贴图类型里面都选择 Bitmap，在对话框中选择都选择一张"dt54"的布艺材质，如图 4-41 所示。

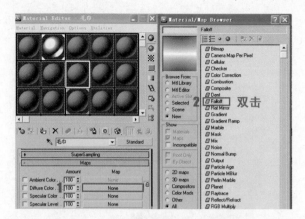

图 4-40

图 4-41

回到 Maps 卷栏，单击 Bump(凹凸)项的 None 按钮，找到 Bitmap 并双击，找到"dt54"材质。单击 按钮回到 Maps 卷栏，如图 4-42 所示。

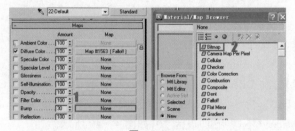

图 4-42

将 Bump(凹凸)参数设为 500，如图 4-43 所示。

图 4-43

Gradient 渐变贴图

从一种颜色到另一种颜色进行明暗处理。为渐变指定两种或三种颜色，该软件将插补中间值。渐变贴图是 2D 贴图。在渐变贴图中通过将一个色样拖动到另一个色样上可以交换颜色，然后单击"复制或交换颜色"对话框中的"交换"按钮。要反转渐变的总体方向，可以交换第一种和第三种颜色。

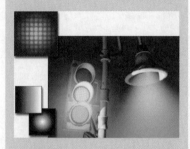

Gradient Ramp 渐变坡度贴图

"渐变坡度"是与"渐变"贴图相似的 2D 贴图。它从一种颜色到另一种进行着色。在这个贴图中，可以为渐变指定任何数量的颜色或贴图。它有许多用于高度自定义渐变的控件。几乎任何"渐变坡度"参数都可以设置动画。

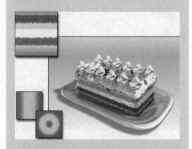

Raytrace 光线跟踪贴图

使用光线跟踪贴图可以提供全部光线跟踪反射和折射，生成的反射和折射比反射/折射贴图的更精确，渲染光线跟踪对象的速度比反射/折射贴图低。另一方面,光线跟踪对渲染 3ds Max 场景进行优化,并且通过将特定对象或效果排除于光线跟踪之外可以进一步优化场景。

Particle Age 粒子年龄贴图

粒子年龄贴图用于粒子系统。通常,可以将粒子年龄贴图指定为漫反射贴图或在粒子流中,指定为材质动态操作符。它基于粒子的寿命更改粒子的颜色(或贴图)。系统中的粒子以一种颜色开始,在指定的年龄,它们开始更改为第二种颜色(通过插补),然后在消亡之前再次更改为第三种颜色。

Particle MBlur 粒子运动模糊贴图

粒子运动模糊贴图用于粒子系统。该贴图基于粒子的运动速率更改其前端和尾部的不透明度。该贴图通常应用作为不透明贴图,但是为了获得特殊效果,可以将其作为漫反射贴图。

设置 Blinn Basic Parameters 卷栏下的 Specular Level(高光级别)为 48,Glossiness 为 36,如图 4-44 所示。

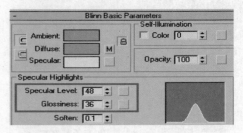

图 4-44

将材质赋予毛巾物体,效果如图 4-45 所示。

图 4-45

03 玻璃材质制作

单击 按钮进入材质编辑器,选择一个空白材质球,将其命名为"玻璃瓶"。

单击 Blinn Basic Parameters 卷栏下的 Ambient(环境光)和 Diffuse(漫反射)色块,将 RGB 值设为(R:0,G:0,B:0),将 Specular Level 设为 88,Glossiness 设为 16,将 Opacity(不透明度)设为 20,如图 4-46 所示。

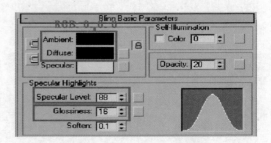

图 4-46

最后在展开的 Maps 卷栏中单击 Reflection 项的 None 按钮，在弹出的贴图类型对话框里面添加一个 Falloff（衰减），如图 4 - 47 所示。

图 4 - 47

把材质赋予物体，效果如图 4 - 48 所示。

图 4 - 48

04　材质制作

按快捷键⟨M⟩键进入材质编辑器，选择一个空白材质球，将其命名为"水"。

展开 Blinn Basic Parameters 卷栏，将 Ambient 和 Diffuse 色块参数设为（R：136，G：0，B：0），Specular Level 设为 18，Glossiness 设为 10，Opacity 设为 60，如图 4 - 49 所示。

然后展开 Maps 卷栏，单击 Bump 项的 None 按钮，为它添加一个 Noise（噪波）。可以根据需要自行调整 Noise 的值，并将 Bump 参数改为 50，如图 4 - 50 所示。

Mix 混合贴图

通过混合贴图可以将两种颜色或材质合成在曲面的一侧。也可以将"混合数量"参数设为动画，然后画出使用变形功能曲线的贴图，来控制两个贴图随时间混合的方式。混合贴图中的两个贴图都可以在视图中显示。对于多个贴图显示，显示驱动程序必须是 OpenGL 或者 Direct3D。软件显示驱动程序不支持多个贴图显示。

Vertex Color 顶点颜色贴图

顶点颜色贴图应用于可渲染对象的顶点颜色。可以使用顶点绘制修改器、指定顶点颜色工具指定顶点颜色，也可以使用可编辑网格顶点控件、可编辑多边形顶点控件或者可编辑多边形顶点控件指定顶点颜色。顶点颜色指定主要用于特殊的应用中，例如游戏引擎或者光能渲染器，也可以使用它来创建彩色渐变的表面效果、设计视觉效果。使用"顶点绘制修改器"为风景添加不同的颜色以表示草地、灌木和停车场等，然后使用顶点颜色贴图在渲染的图像中应用顶点颜色。当使用地形对象的"按海拔上色"功能时，软件将指定一个使用了顶点颜色贴图的材质作为漫反射组件。

操 作 提 示

如果可见的示例窗越多，图像越小，但可以通过双击要仔细查看的示例窗，显示更大的、浮动的并且可调整大小的材质示例。

在制作瓷砖材质的时候，由于贴图的对比度不够强，比较灰，可以在材质编辑器中的 Output 卷栏中将 Output Amount（对比度）值设为 2.0。

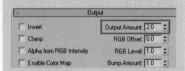

更改材质的着色类型时，会丢失新明暗器不支持的任何参数的设置（包括贴图指定）。如果要使用相同的常规参数对材质的不同明暗器进行试验，则在更改材质的明暗处理类型之前，将其复制到不同的示例。采用这种方式时，如果新明暗器不能提供所需的效果，则仍然可以使用原始材质。

知 识 点 提 示

标准材质和光线跟踪材质都可用于指定明暗处理类型。明暗处理类型由"明暗器"进行处理，可以提供曲面响应灯光的方式。

操 作 提 示

Diffuse Color（漫反射颜色）数

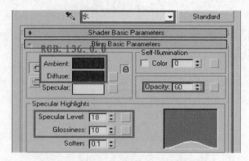

图 4 - 49

图 4 - 50

再为材质球添加反射，并进行衰减。单击 Reflection 项的 None 按钮，找到 Falloff 并双击，再单击 按钮回到 Maps 卷栏，将 Reflection 参数改为 15，如图 4 - 51 所示。效果如图 4 - 52 所示。

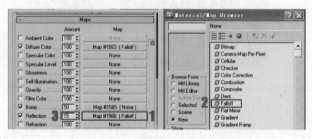

图 4 - 51

图 4 - 52

05　塑料材质制作

单击 ![] 按钮进入材质编辑器，选择一个空白材质球，将其命名为"鸭子"。单击"材质"工具栏下方的 Standard 按钮，在弹出的 Material/Map Browser（材质/贴图）窗口中选择 Multi/Sub-Object（多维子/对象）。此时该材质类型变为多维子物体材质，如图 4-53 所示。

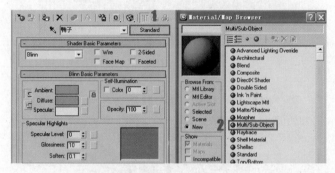

图 4-53

选择保留原来的材质，单击 OK 按钮，如图 4-54 所示。

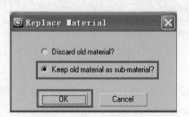

图 4-54

在 Multi/Sub-Object Basic Parameters（多维子/对象基本参数）卷栏中，单击 Set Number（设置数量）按钮，在弹出的对话框中把 Number of Materials（材质数量）改为 2，如图 4-55 所示。

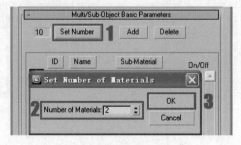

图 4-55

值为 100 时，贴图完全显示；反之，数值为 0 时，贴图完全消失。

Reflection（反射）参数越大，反射越强，最大为 100，最小为 0。

知 识 点 提 示

Bump（凹凸）是一种在 3D 场景中模拟粗糙外表面的技术，它用来表现轮胎、地面等物体的 3D 表面时特别有用。

操 作 提 示

Falloff Parameters（衰减参数）卷栏里的 Front:Side 下的黑色为暗部颜色，白色为高光颜色。

知 识 点 提 示

Multi/Sub-Object（多维子材质）

可以让材质拥有多个子材质组成。使用多维/子对象材质可以采用几何体的子对象级别分配不同的材质。创建多维材质，将其指定给对象并使用网格选择修改器选中面，然后选择多维材质中的子材质指定给选中的面。如果该对象是可编辑网格，可以拖放材质到面的不同的选中部分，并随时构建一个多维/子对象材质。也可以通过将其拖动到已被编辑网格修改器选中的面来创建新的多维/子对象材质。

操 作 提 示

子材质 ID 不取决于列表的顺序，可以输入新的 ID 值。

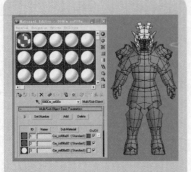

知 识 点 提 示

Opacity(不透明度)参数越低,物体越透明,常用于玻璃、水等透明物体的制作。物体的不透明度参数是根据背景的不同、物体的不同而设定的。

操 作 提 示

为了便于观看材质球,单击 ![按钮] 按钮增加方格背景,具体位置如下图。

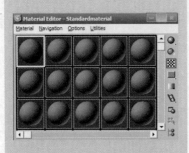

知 识 点 提 示

为模型指定相应的材质后,在灯光及环境的衬托下会表现出真实的质感。完全脱离灯光去制作材质是没有任何意义的,如水面质感、玻璃质感、不锈钢质感等。

单击 ID 号为 1 的材质按钮,在 Shader Basic Parameters(明暗器基本参数)卷栏下将材质类型改为 Phong(塑胶材质),如图 4-56 所示。

图 4-56

再分别将 1 号材质和 2 号材质命名为"红色"和"黄色",如图 4-57 所示。

图 4-57

单击 ![按钮] 按钮,把 Specular Level 设为 48,Glossiness 设为 8,如图 4-58 所示。

图 4-58

在 Diffuse Color 项添加一个 Falloff（衰减），然后找到 Falloff Parameters（衰减参数）卷栏下的 Front：Side（前侧），将第一个黑色的 RGB 值设为（R：128，G：0，B：0），第二个白色的 RGB 值设为（R：158，G：48，B：48），如图 4－59 所示。

图 4－59

单击 按钮，进入材质 ID 为 2 的材质球中，同样把材质类型改为 Phong，单击 Phong Basic Parameters（Phong 基本参数）卷栏下的 Ambient 和 Diffuse 色块，将RGB 值设为（R：245，G：202，B：45），Specular Level 设为18，其他参数不变，如图 4－60 所示。

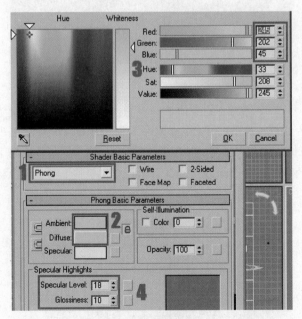

图 4－60

最后再回到 Maps 卷栏，为材质球添加反射，将参数改为 25，如图 4－61 所示。

当用鼠标右键单击活动示例窗时,会弹出一个菜单。对于其他示例窗,要先单击或右键单击一次选中它们,然后右键单击,才能使用弹出式菜单。在放大的示例窗口中,弹出式菜单也是可用的。

知 识 点 提 示

Drag/Copy(拖动/复制)

将拖动示例窗设置为复制模式。启用此选项后,拖动示例窗时,材质会从一个示例窗复制到另一个示例窗,或者从示例窗复制到场景中的对象,或复制到材质按钮。

Drag/Rotate(拖动/旋转)

将拖动示例窗设置为旋转模式。

Reset Rotation(重置旋转)

将采样对象重置为它的默认方向。

Magnify(渲染贴图)

渲染当前贴图,创建位图或AVI 文件(如果位图有动画的话)。渲染的只是当前贴图级别。

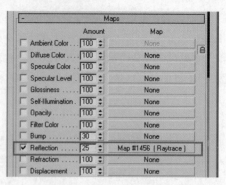

图 4 - 61

将调好的材质赋予物体。可以看到贴图给鸭子后颜色没有按照预想的那样,如图 4 - 62 所示。

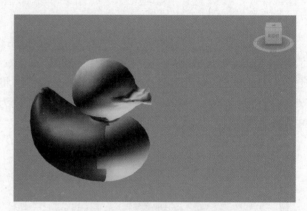

图 4 - 62

需要将鸭子的身体部分设置为黄色,嘴巴部分设置为红色。选中鸭子,在修改命令面板中的 Polygon 选项下,将鸭子全部选中。设置 Polygon: Material IDs 选项下的 Set ID 为 2,如图 4 - 63 所示。会发现整个鸭子显示材质 ID 为 2 的黄色,如图 4 - 64 所示。

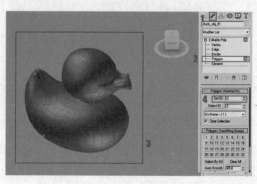

图 4 - 63

图 4 - 64

材质 ID 和多边形里调整的 ID 号是一致的。需要把鸭子嘴巴变成 ID 1 的红色材质。同样在修改面板的 Polygon 选项中选中鸭嘴部分,设置 ID 为 2,如图 4 - 65 所示。

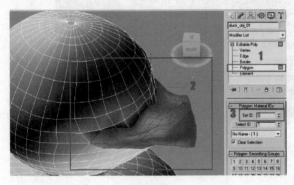

图 4 - 65

场景参数调试完毕后,最终效果如图 4 - 66 所示。

图 4 - 66

4.3　摩托车

知识点:建立摄像机,MR 不锈钢材质,MR 钢圈材质,MR 皮革材质,MR 玻璃灯材质

图 4-67

知 识 点 提 示

Mental Ray 是一个专业的 3D 渲染引擎,可以生成高质量真实感图像,在电影领域得到了广泛的应用和认可,被认为是市场上最高级的三维渲染解决方案之一。

Mental Ray 中提供了一个专门用于室内外建筑领域的材质类型,通过该材质类型,用户可以轻松制作出例如木纹、金属、乳胶漆、玻璃等常用材质。

摄影机是模拟真实世界中等同于它们的场景对象。摄影机设置场景的帧,提供可控制的观察点。可以设置摄影机移动的动画。摄影机可以模拟真实世界图片的

01　激活 Mental Ray 渲染器

开启 Mental Ray 渲染引擎。单击工具栏中的 按钮,打开 Render Scene 窗口,展开 Assign Renderer 卷栏,单击 Production 项后的 按钮,在弹出的对话框中选择 Mental Ray Renderer,如图 4-68 所示。

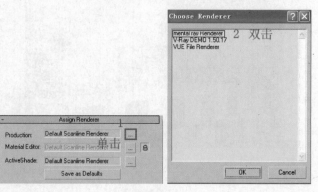

图 4-68

02　为场景建立摄像机

在命令面板中执行 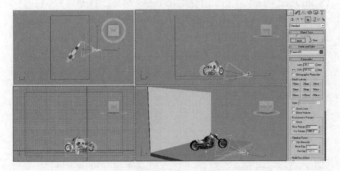 → → Target 命令，在 Top 顶视图中如图 4-69 所示的位置创建一架目标摄像机。

图 4-69

选中摄像机，单击鼠标右键，在工具 2 下选择 Set view to Selected Camera（将视图设置到选定摄像机），或者按快捷键〈C〉，如图 4-70 所示。效果如图 4-71 所示。

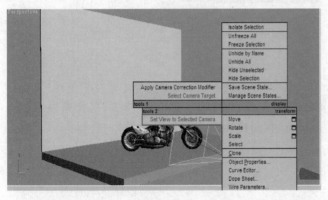

图 4-70

图 4-71

某些方面，如景深和运动模糊。当创建摄像机时，目标摄影机会查看所放置的目标图标周围的区域。目标摄影机比自由摄影机更容易定向，因为只需将目标对象定位在所需位置的中心。

操 作 提 示

当添加目标摄影机时，3ds Max 将自动为该摄影机指定注视控制器，摄影机目标对象指定为"注视"目标。可以使用"运动面板"上的控制器设置，将场景中的任何其他对象指定为"注视"目标。

知 识 点 提 示

Arch & Design〔mi〕（建筑与设计）
这是一个专门为室内外建筑表现领域提供的材质类型。在 Arch & Design〔mi〕材质提供了多达 26 种表面材质预设模板，它们几乎涵盖了建筑产品设计中常见的各类型材质。

模板卷栏
提供各种建筑设计常用材质预设组合，可以在"选择模板"下拉列表中进行选择。主要材质参数卷栏有漫反射、反射、折射和各向异性命令组。这些命令组决定了材质的基本属性，通过对它们的调节，可以模拟各种视觉属性的材质，如下图所示。

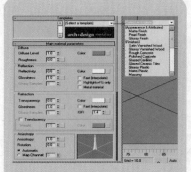

特殊效果卷栏

用于增强场景细节,提高出图效率。其中 Ambient Occlusion(环境光阻光)用于产生阴影连接的细节,使物体与阴影连接更加紧密。Round Corners(圆角)组用于使模型的棱角边缘被圆化,它只是产生在渲染效果中,而不会影响实际的模型状态,如下图所示。

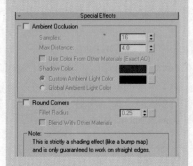

BRDF 卷栏

是 Bidirectional. Reflctance Distribution Function(双向反射比分布函数)的缩写。这一属性可以定义由查看对象曲面的角度控制该材质的反射率,如下图所示。

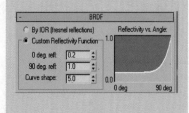

03 墙壁材质制作

单击工具栏中的 🔲 按钮,打开材质编辑器,选择一个空白材质球,命名为"墙壁"。再单击材质工具栏下的 Standard 按钮,在弹出的 Material/Map Browser(材质/贴图窗口)对话框中选择 Arch & Design〔mi〕材质类型,如图 4-72 所示。

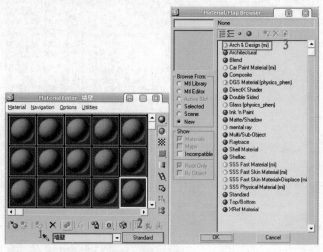

图 4-72

在 Main material parameters(主要材质参数)卷栏下单击 Color(颜色)旁的 按钮,在材质/贴图窗口中选择 Bitmap,找到材质并双击打开,如图 4-73 所示。

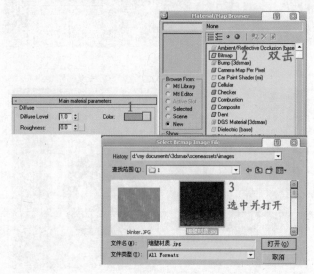

图 4-73

将主要材质参数卷栏下的 Reflection 参数改为 0.0，如图 4-74 所示。

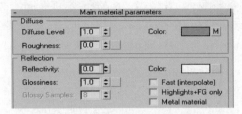

图 4-74

在视图中选中墙壁物体，将调试好的材质赋予它，如图 4-75 所示。效果如图 4-76 所示。

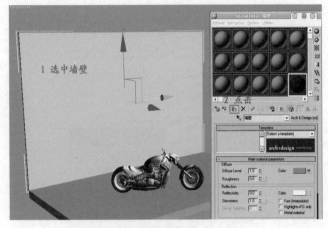

图 4-75

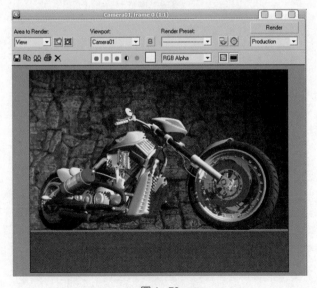

图 4-76

Advanced Rendering Options(高级渲染选项)卷栏

可以定义"性能提高"，通过限制反/折射距离、深度、中止阈值等参数来控制，根据不同需要节省出图时间，如下图所示。

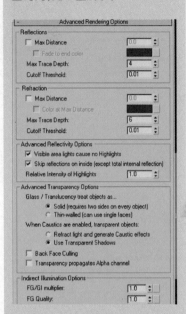

Fast Glossy Interpolation(快速光滑差值)卷栏

可以插补模糊反射和折射，从而取得平滑的图像效果并节省出图时间，但同时也会导致细节的丢失。

Special Purpose Maps(特殊用途贴图)卷栏

提供了用于模拟更多复杂材质效果的贴图通道，满足各种特殊材质的需求，如下图所示。

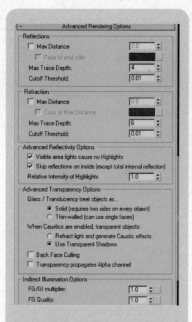

Pearl Finish(珍珠磨光)材质

　　具有柔和和模糊反射,颜色或贴图不受影响。

操 作 提 示

　　Arch & Design〔mi〕材质的反射/折射强度可以通过各自的颜色来控制,纯白色为全反射/折射,纯黑色为完全不反射/折射。

　　Brushed Metal(刷过的金属)刷子磨光的颗粒是由噪波贴图调制反射的。

　　要制作令人信服的不锈钢材质表现,需要遵循以下2点原则:首先,越圆滑的曲面模型得到的不锈钢效果越好。当模型表面存在直角边时,可以对直角边进行倒角处理,或开启 Arch & Design〔mi〕材质的 Round Corners(圆角)功能,使模型的边角处产生高光反射效果。其次丰富的反射环境是得到令人信服的金属材质表现的关键因素,离开了环境就很难得到很好的效果。

04　排气管材质制作

　　首先将材质类型改为 Arch & Design〔mi〕,在 Templates(模板)卷栏的 Select a template 下拉菜单下找到 Chrome(铬合金)材质,如图4-77所示。

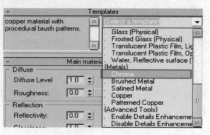

图4-77

　　在 Main material parameters 卷栏下将 Roughness (粗糙度)设为0.5,Color 的 RGB 值设为(R:0.325,G:0.325,B:0.325),Reflectivity 设为0.12,Glossiness 设为0.5,如图4-78所示。

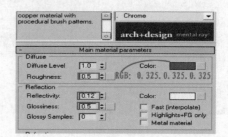

图4-78

　　效果如图4-79所示。

图4-79

05　黑色钢材质制作

首先将材质类型改为 Arch & Design〔mi〕，在 Templates(模板)卷栏的 Select a template 下拉菜单下找到 Pearl Finish(珍珠磨光)材质，如图 4 - 80 所示。

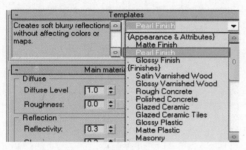

图 4 - 80

在 Main material parameters 卷栏下，设置 Diffuse Level 下 Color 的 RGB 参数为（R：0.059，G：0.059，B：0.059），Reflectivity 为 0.5，Glossiness 为 0.5，如图 4 - 81 所示。

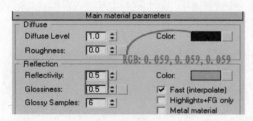

图 4 - 81

效果如图 4 - 82 所示。

图 4 - 82

段光线跟踪阴影以达到最佳效果。

06 白色不锈钢材质制作

首先将材质类型改为 Arch & Design〔mi〕，在 Templates（模板）卷栏的 Select a template 下拉菜单下找到 Brushed Metal（刷过的金属）材质，如图 4-83 所示。

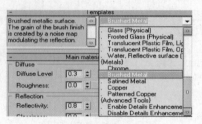

图 4-83

在 Main material parameters 卷栏下，设置 Diffuse Level 下 Color 的 RGB 参数为（R：0.49，G：0.49，B：0.49），Reflection 下的 Reflectivity 设为 0.35，用鼠标右键单击 Color 旁的 M 按钮，选择 Cut（剪切），并把 RGB 参数设为（R：0.702，G：0.702，B：0.702），Glossiness 设为 0.8，Glossy Samples（光泽采样数）设为 16，如图 4-84 所示。效果如图 4-85 所示。

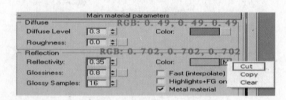

图 4-84

图 4-85

07　轮胎内圈材质制作

单击工具栏中的 按钮，打开材质编辑器，将材质类型更改为 Arch & Design〔mi〕，在 Main material parameters 卷栏下单击 Color（颜色）旁的 按钮，为其赋予一张内圈材质，如图 4-86 所示。

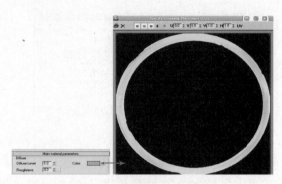

图 4-86

在 Main material parameters 卷栏下将参数 Roughness 设为 0.2，Reflectivity 设为 0.08，如图 4-87 所示。效果如图 4-88 所示。

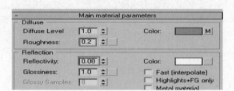

图 4-87

图 4-88

08　扶手材质制作

　　单击工具栏中的  按钮，打开材质编辑器。将材质类型更改为 Arch & Design〔mi〕，在 Templates（模板）卷栏的 Select a template 下拉菜单下找到 Leather（皮革）材质，如图 4-89 所示。

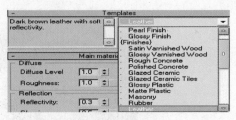

图 4-89

　　单击 Diffuse 下 Color 旁的 M 按钮，进入后，在噪波参数面板中将 Color♯2（颜色 2）RGB 参数设置为（R：49，G：48，B：45），如图 4-90 所示。效果如图 4-91 所示。

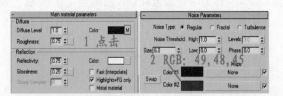

图 4-90

图 4-91

09　车灯玻璃材质制作

　　将材质类型改为 Arch & Design〔mi〕，在 Templates（模板）卷栏的 Select a template 下拉菜单下找到 Frosted Glass〔Physical〕（冰冻玻璃）材质，如图 4－92 所示。

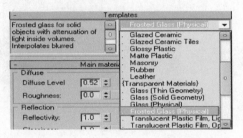

图 4－92

　　在 Main material parameters 卷栏下将 Reflectivity 设为 0.6，Glossiness 设为 0.8，如图 4－93 所示。效果如图 4－94 所示。

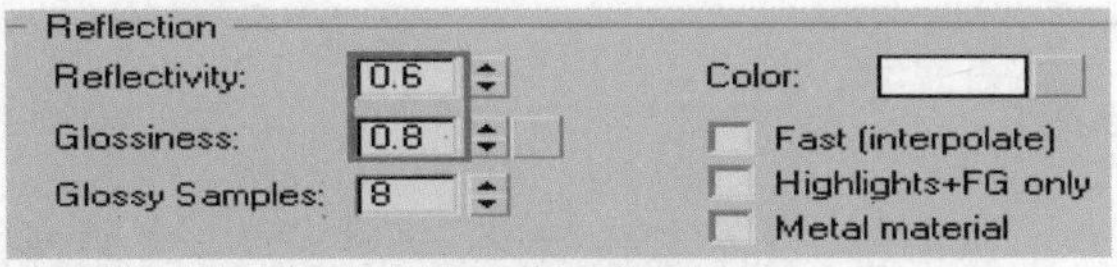

图 4－93

图 4－94

10　路地材质制作

　　单击工具栏中的 🔳 按钮，打开材质编辑器，将材质

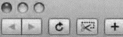

类型更改为 Arch & Design〔mi〕。在 Main material parameters 卷栏下单击 Color（颜色）旁的 ▇ 按钮，为其赋予一张"路地"贴图，并将 Reflectivity 设为 0.0，如图 4-95 所示。

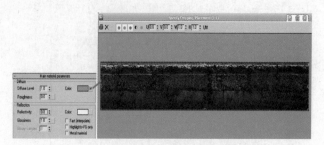

图 4-95

单击 Color（颜色）旁的 `Color: ▭▭ M` 按钮，在 Bitmap parameters（位图参数）卷栏下选择 Apply（应用），然后单击 View Image（查看图像）按钮，框选贴图的左半部，如图 4-96 所示。最终效果如图 4-97 所示。

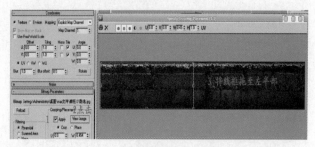

图 4-96

图 4-97

4.4　餐厅特写

知识点：V‐Ray 自发光材质，V‐Ray 布艺材质，V‐Ray 玻璃材质，V‐Ray 丝绸材质，V‐Ray 蜡烛材质

图 4‐98

01　天空材质制作

打开本书配套素材文件"餐厅特写"，如图 4‐99 所示。

图 4‐99

单击工具栏中的 按钮，打开材质编辑器。在

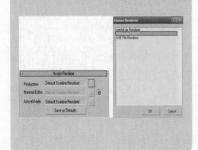

VRayMtl(VRay 材质)

是 VRay 渲染系统的专用材质。使用这个材质能在场景中得到更好的和正确的照明(能量分布)、更快的渲染、更方便控制的反射和折射参数。在 VRayMtl 里能够应用不同的纹理贴图,更好地控制反射和折射,添加 Bump(凹凸贴图)和 Displacement(位移贴图),促使直接 GI(direct GI)计算。对于材质的着色方式可以选择 BRDF(毕奥定向反射分配函数)。

操 作 提 示

在制作本案例材质之前,在场景中已经布置好了灯光,材质参数是经过多次调节得到的最终数值。每个场景的光线不同,材质的参数也会不同。

知 识 点 提 示

VRay LightMtl(灯光材质)

主要用于模拟自发光的东西,比如天空、霓虹灯、灯箱,也可用来模拟发光的灯管、灯片、透光的材质等。

Blur offset(模糊偏移):值越大越模糊,默认为 0,最大为 1。

操 作 提 示

在 V - Ray 渲染中,材质的浅色贴图容易产生过亮的曝光,从而影响到图面整体效果,所以在一般情况下需要降低场景中浅色贴图的亮度值。

Material Editor 窗口中选择一个空白材质球,命名为"天空"。再单击材质工具栏下的 Standard 按钮,在弹出的 Material/Map Browser(材质/贴图窗口)对话框中选择 VRay LightMtl(VRay 灯光材质),如图 4-100 所示。

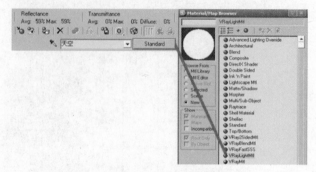

图 4-100

在参数面板中把 Color 设为 1.6,赋予 None 一张"环境"的天空贴图,如图 4-101 所示。

图 4-101

在 Coordinates 卷栏设置 Blur offset 参数为 0.008。最后单击 按钮,赋予模型材质,如图 4-102 所示。效果如图 4-103 所示。

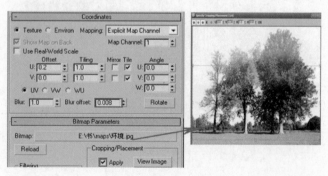

图 4-102

图 4 – 103

02 桌布材质制作

单击工具栏中的 ▨ 按钮，打开材质编辑器。在 Material Editor（材质编辑器）窗口中选择一个空白材质球，命名为"桌布"。再单击材质工具栏下的 Standard 按钮，在弹出的 Material/Map Browser（材质/贴图浏览器）对话框中选择 VrayMtl 项，如图 4 – 104 所示。

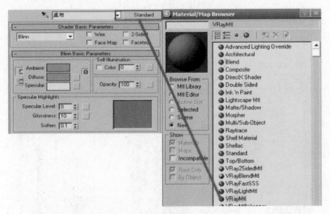

图 4 – 104

单击 Diffuse 右边的 ▨ 按钮，添加一个 Falloff；在 Mix Curve 下单击 ✦ 按钮，为调节线加一个点进行调节；在 Falloff Parameters（衰减参数）卷栏下对暗部和亮部的 None 项同样赋予一张"布料"的贴图，如图 4 – 105

用(VRay 不会发射光线去估算光泽度)。最大为 1 000,最小为 1。

操 作 提 示

模糊反射和细分参数,数值越低,渲染时间会较快;反之细分参数越高,渲染就越慢。

知 识 点 提 示

Falloff Type(衰减类型)包括 5 种类型,其中 Perpendicular/parallel、Fresnel、Shadow/light 较为常用。

当选择 Fresnel(菲涅尔)选项时,意味着当角度在光线和表面法线之间角度值接近 0°时,反射将衰减;当光线几乎平行于表面时,反射可见性最大;当光线垂直于表面时几乎没反射发生。

菲涅尔反射必须在反射效果非常强烈时才能看出来,使用这种反射功能会使反射效果的质量提升很大,但渲染速度会慢很多。

操 作 提 示

提示在开始使用材质时,务必为材质指定一个唯一的、意义清楚的名称。

知 识 点 提 示

IOR(折射率)
确定材质的折射率。设置适当的值能做出很好的折射效果,如水、钻石、玻璃等。

Affect shadows(影响阴影)
选中此项,物体的表面色就是物体的阴影颜色,能够达到更真实的阴影效果。

所示。

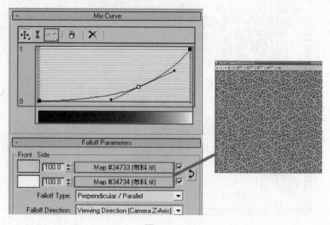

图 4 - 105

单击 🔼 按钮回到 Maps(贴图)卷栏,将 Bump(凹凸)参数设为 130,并在 None 项上也同样赋予一张桌布贴图,如图 4 - 106 所示。效果如图 4 - 107 所示。

Refract	100.0	⇕ ☑	None
Glossiness	100.0	⇕ ☑	None
IOR	100.0	⇕ ☑	None
Translucent	100.0	⇕ ☑	None
Bump	130.0	⇕ ☑	Map #34735 (布料.tif)

图 4 - 106

图 4 - 107

03 酒瓶材质制作

酒瓶材质的制作是比较简单的。在 VrayMtl(VRay 材质)面板中把 Diffuse 色块设置 RGB 参数为(R:36,G: 4,B:4),Reflect 的 RGB 参数设为(R:30,G:30,B:30), Hilight glossiness 设为 0.8,Refl. Glossiness 设为 0.7, Subdivs(细分)设为 12,如图 4-108 所示。效果如图 4-109 所示。

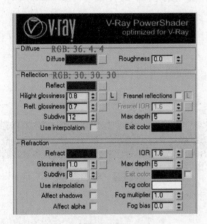

图 4-108

图 4-109

04 酒杯材质制作

在 VrayMtl 面板中为 Reflect 添加一个 Falloff,将 Falloff Basic Parameters(衰减基本参数)卷栏下的 Falloff Type(衰减类型)改为 Fresnel(菲涅尔)类型,如图 4-110 所示。

Max depth(最大深度)

光线跟踪贴图的最大深度。光线跟踪更大的深度时贴图将返回黑色(左边的黑块)。

Fog color(烟雾颜色)

V-Ray 允许用雾来填充折射的物体。这是雾的颜色。

Fog multiplier(烟雾倍增器)雾的颜色倍增器。较小的值产生更透明的雾。

BRDF(毕奥定向反射分配函数)

一种最通常的方法。通过毕奥定向反射分配函数(BRDF)的使用来表示一个表面的反射属性。一个函数定义一个表面的光谱和空间反射属性。V-Ray 支持以下 BRDF 类型:Phong、BLinn、Ward、Options(选项)。

做效果图常用的折射率

真空折射率:1.0,水的折射率:1.33,玻璃的折射率:1.5,水晶的折射率:2.0,钻石的折射率:2.4。

Hard(wax)model

半透明物体类型,适合蜡烛、皮肤、珠宝等物体的制作。

Scatter coeff(散射效果控制)

这个值控制在半透明物体的表面下散射光线的方向。值为 0.0 时,意味着在表面下的光线将向各个方向上散射;值为 1.0 时,光线跟始初光线的方向一致,散射穿过物体。

Light multiplier(灯光倍增器)

灯光分摊用的倍增器,描述穿过材质下的面被反、折射的光的数量。

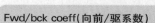
Fwd/bck coeff(向前/驱系数)

这个值控制在半透明物体表面下的散射光线的多少将相对于初始光线,向前或向后传播穿过这个物体。默认值为 1.0。

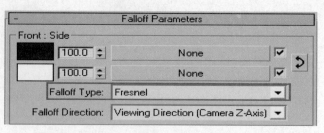

图 4 – 110

单击  按钮回到 Basic parameters 卷栏,其中 Diffuse 参数不变,设置 Reflect 参数为(R:248,G:248,B:248),Refl. glossiness 为 0.98,Refraction 为(R:252,G:252,B:252),IOR(折射率)为 1.517,并选中 Affect shadows(影响阴影),如图 4 – 111 所示。

图 4 – 111

效果如图 4 – 112 所示。

图 4 – 112

05   酒材质制作

在 Material Editor 窗口中选择一个 VRay Mtl(VRay 材质)空白材质球,命名为"酒"。设置 Diffuse 的 RGB 参数为(R:255,G:255,B:255),Reflect 为(R:3 6,G:2,B:2),Hilight glossiness 为 0.85,Refl. glossiness 为 0.95,Subdivs 为 10,Max depth(最大深度)为 2,Refraction 为(R:230,G:230,B:230),IOR 为 1.4,Max depth 为 3,Fog Color(烟雾颜色)为(R:78,G:0,B:0),Fog multiplier(烟雾倍增)为 0.66,选中 Affect shadows(影响阴影),如图 4-113 所示。

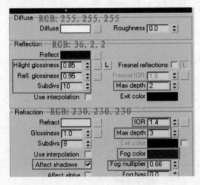

图 4-113

将 BRDF 卷栏下的材质类型改为 Phong,如图 4-114 所示。效果如图 4-115 所示。

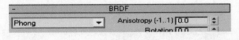

图 4-114

图 4-115

06 丝绸材质制作

在 VRay Mtl 面板 Basic Parameters 卷栏下的 Diffuse 上添加一个 Falloff,在 Falloff Parameters 卷栏下为第一个 None 项赋予一张"bu33"的丝绸贴图,并将衰减类型改为 Fresnel(菲涅尔),如图 4 - 116 所示。

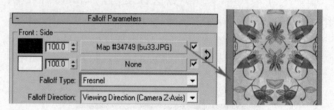

图 4 - 116

单击 🔁 按钮回到 Basic Parameters 卷栏,将 Reflect 参数设为(R:4,G:4,B:4),Hilight glossiness 设为 0.8,如图 4 - 117 所示。效果如图 4 - 118 所示。

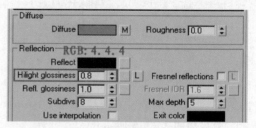

图 4 - 117

图 4 - 118

07 蜡烛材质制作

在 Material Editor 窗口中选择一个 VRay Mtl 空白材质球,命名为"蜡烛"。设置 Diffuse 色块 RGB 值为(R:

201，G：60，B：22），Reflect 为（R：22，G：22，B：22），Refract 为（R：8，G：8，B：8），Subdivs 为 24，Fog Color 为（R：201，G：60，B：22），Fog multiplier 为 0.15，Type（类型）为 Hard（wax）model（半透明物体），Fwd/bck coeff（向前/驱系数）为 0.5，Light multiplier（灯光倍增器）为 5.0，选中 Affect shadows，如图 4 - 119 所示。

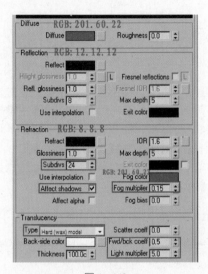

图 4 - 119

将 BRDF 卷栏下的材质类型改为 Phong，如图 4 - 120 所示。效果如图 4 - 121 所示。

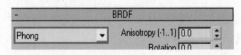

图 4 - 120

图 4 - 121

3ds Max
动漫三维项目制作教程

　　本章全面介绍了 3ds Max 的材质的设置方法,通过几个比较典型的实例来说明常用材质的制作,使读者对创建基本材质,使用不透明度、衰减、凹凸贴图、噪波贴图、多维子材质等制作过程和方法有一个初步的了解和全局性的认识。本章通过一辆摩托车材质的设置讲解了 3ds Max 插件 Mental Ray 材质的设置方法和技巧。本章还介绍了热门插件 V-Ray 的一些技术知识,包括 V-Ray 灯光材质、模糊反射、雾色、半透明物体类型等。

课后练习

① 场景中什么材质可以赋予 Bump(凹凸效果)?

② 如何调试出衰减、反射、躁波、多维子材质效果?

③ 模糊反射效果是通过调节(　　)参数来实现的。

　A. Reflect　　　　　　B. Diffuce　　　　　C. Refl. glossiness　　D. Subdivs

④ 使用(　　)选项可以模拟蜡烛的效果。

　A. None　　　　　　B. Hard(wax)model　C. Fwd/bck coeff　　D. Thickness

⑤ 参照图 4-122 场景设置,使用 3ds Max 模拟出画面材质效果。

图 4-122

3D 灯光与渲染艺术

本课学习时间：12 课时

学习目标：掌握一般灯光、Mental Ray 渲染器、VR 灯光和渲染器的设置技巧

教学重点：如何为场景布置适合的灯光，灯光各参数具体用法，渲染器的有效运用

教学难点：场景中物体和空间的体现，气氛和色调的把握

讲授内容：标准灯光室外场景设置，Mental Ray 室内灯光设置，V-Ray 室内灯光设置

课程范例文件：\ chapter5 \ 灯光与渲染. rar

案例一　标准灯光室外场景实例

案例二　Mental Ray 室内灯光实例

案例三　V-Ray 室内灯光场景实例

光与影是三维作品的生命。对于 3ds Max 初学者来说，灯光设置是一个比较头疼的环节。本章通过室外建筑场景案例详细讲述 3D 基本灯光应用和设置技巧；通过室内场景讲述 Mental Ray 渲染器的应用；通过室内灯光设置的实例讲解目前 3ds Max 热门渲染插件 V-Ray 渲染器设置技巧和应用。相信通过本章的学习，读者能够对 3ds Max 的几种灯光类型有一个比较深入的认识，并且能够在建筑表现图灯光渲染技能方面得到显著提高。

本章课程总览

5.1 标准灯光室外场景实例

知识点:目标平行光应用,目标聚光灯应用,阴影设置,渲染设置

图5-1

知识点提示

灯光是模型实际灯光(例如,家庭或办公室的灯、舞台和电影工作中照明设备以及太阳本身)的物体。怎样给一个场景布置适合的灯光是制作3D效果图的一个关键问题,灯光位置的摆放会影响到灯光强度、阴影、高低、范围等一系列的操作变化,也关系到场景用何种手法表现出何种氛围。

操作提示

我们观察一个光源的方向对我们理解光线和场景中的物体将如何表现有深刻的影响。选择主光源的方向是你能做出最重要的决定之一,因为光源方向对如何表现一个场景以及作品要传达的感情都有很重要的影响。

01 建立目标平行光

这个案例的场景是幢很宏伟的办公楼,正面有许多玻璃窗。一般来说这类空间适合做暖色调,显得庄重、蓬勃、大气,因为有玻璃门,场景中的实际光源不是很容易做夜景,所以这个空间选择做白天的效果,如图5-2所示。

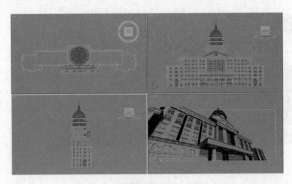

图5-2

单击 创建命令面板上的 灯光按钮,选择下拉菜单 Standard(标准灯光),在顶视图上创建一盏目标平行光,对场景进行太阳光的模拟,如图5-3所示。

在顶视图中建立平行光,使用 移动工具调整灯光的起始点和目标点的位置,设置位置如图5-4所示。

图 5-3

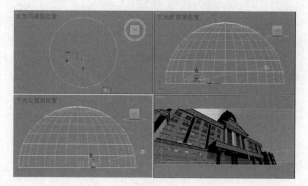

图 5-4

02 排除球天

图 5-5

由于外面的球天可能会把灯光的阴影挡住。选中灯光，单击 ⟋ 修改面板，在 General Parameters（常规参数）卷栏下单击 Exclude（排除）按钮，如图 5-5 所示。

在弹出的窗口左边找到名称为"Sphere01"的球体，双击到右边窗口，再单击 OK 按钮退出。这样就将球天排除了，如图 5-6 所示。

图 5-6

越大,阴影的边缘越柔和;数值越小,阴影边缘越生硬。

操 作 提 示

在对主光源照射的光影强度、色彩、阴影关系较为满意后,我们才开始进行下一步操作,反之则继续调试。

知 识 点 提 示

目标聚光灯

常用于场景筒灯、壁灯等效果的制作,是一种投射光束,可影响光束内被照射到的物体,产生和逼真的投影阴影。当有物体遮挡光束时,光束将被截断,且光束内的范围可以任意调整。目标聚光灯包含2个部分:投射点、目标点。

正面光是指光源在观察者的后面,这种光线是一般快照摄影师大多数使用的方法。如果是硬光源图像,通常是没什么吸引力的,除非正面光是柔和的在这种情况下也会产生非常有魅力的图像。

侧向光可以很好地表现出物体的轮廓形态、纹理及立体感,明暗关系明显和对比强烈。侧向光通常用于在一些表面上比如墙投射生动的阴影,从而产生一种艺术情趣。侧向光通常是很有吸引力的,所以大部分的效果都用这种光照。这种光出现在每个工作日的开始与结束的时候,所以常常会在电影与照片中看到。

逆光是指观察者正对着光源,因为是亮的背景与暗的对象形成强烈对比所以物体会有明亮的边缘。它通常有很高的对比,看上去富有艺术性和戏剧性。如果光源相对于我们视点有个微小的角度,

03 设置颜色和强度

在 Intensity/Color/Attenuation(强度/颜色/衰减)卷栏下把 Multiplier(倍增)参数设为 1.3,灯光 RGB 值设为(R:255,G:223,B:136),如图 5-7 所示。

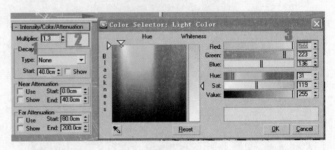

图 5-7

04 设置光圈大小

展开 Directional Parameters(平行光参数)卷栏,把 Hotspot/Beam(聚光区/光束)设为 5 000,Falloff/Field(衰减区/区域)设为 6 000,如图 5-8 所示。

图 5-8

05 设置阴影偏移、大小、采样范围

展开 Shadow Map Params(阴影贴图参数)卷栏,把 Bias(偏移)设为0.04,Size(大小)设为3 000,Sample Range(采样范围)设为 2.0,如图 5-9 所示。

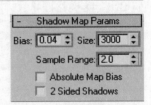

图5-9

设置完毕后,按快捷键〈F9〉对场景进行渲染,查看光影效果。效果如图 5-10 所示。

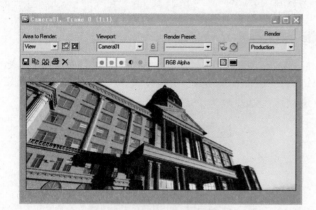

图 5-10

06　建立聚光灯

单击 [灯光]创建命令面板上的 （灯光）按钮，在其标准灯光面板上选择 Target Spot（目标聚光灯）按钮，在场景上方建立聚光灯，如图 5-11 所示。

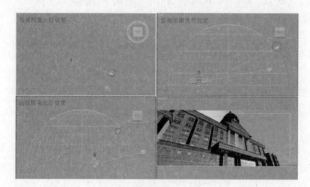

图 5-11

07　设置灯光颜色和强度

在 Intensity/Color/Attenuation（强度/颜色/衰减）卷栏下把 Multiplier 设为 0.25，灯光 RGB 参数设为（R:0，G:47，B:99），如图 5-12 所示。

图 5-12

物体将会有一方或更多的明亮边缘被勾画出来，光越强，明亮的边缘就越明显。

顶光并不常见，虽然它出现在多云的天气里，但只有在阳光充足的正午才会遇到，有时也会出现在室内和其他一些情况下，比如舞台灯光。柔和的顶光对展示形状是有效的方法。在硬光下顶光能投射引人注目的阴影，隐藏在这阴影底下的大部分形状会给人一种神秘的气氛。比如人直接站在强光下面，他的眼睛将形成一个黑色的孔，因为他们的眼窝全部都在阴影中。

操 作 提 示

默认扫描线渲染器在默认情况下，扫描线渲染器处于活动状态。该渲染器以一系列水平线来渲染场景，可用于扫描线渲染器的"全局照明"选项，包括光跟踪和光能传递。扫描线渲染器也可以渲染到纹理（"烘焙"纹理），特别适用于为游戏引擎准备场景。

知 识 点 提 示

3ds Max 中，有 2 种不同类型的渲染方式。默认情况下，产品级渲染处于活动状态，通常用于进行最终的渲染。这种类型的渲染可使用上述 3 种渲染器中的任意一种。第二种渲染类型称为 ActiveShade。Activeshade 渲染使用默认的扫描线渲染器来创建预览渲染，从而帮助查看照明或材质的效果，渲染将随着场景的变化交互更新。通常，使用 ActiveShade 渲染的效果不如使用产品级渲染那样精确。产品级渲染的另外一个优势是可以使用不同的渲染器，如 Mental Ray 渲染器或 VUE 文件渲染器。

操作提示

只有将灯光单独组起来后，移动坐标轴时灯光不会移动。坐标轴一定要放大到最大与灯光的前点对齐，否则将在后面的阵列中出现错误，影响灯光效果。

围绕球天一圈为 360°，所以 Z 轴设置为 30°，Array Dimensions 下的 1D 数量设为 12，所以每 30°的角度就会关联复制一盏灯光。在此 1D 数量设为 12，也就是 12 盏。选择 Instanse 后，复制出来的每盏灯光参数都会随着其中一盏灯光的参数改动而变动，方便调节。

复制整圈聚光灯将位置移到下方是为了模拟天光的变化。这里选择 Copy 方式是为了在下面一圈灯光参数改动时，上面一圈灯光不会受到影响。

在某些情况下，可能希望将"最大折射"设置为较高的值，而将"最大反射"设置为较低的值。例如，摄影机可能要透过排列的多层玻璃拍摄，因此它们重叠在摄影机的视角。在此情况下，希望光线在每块玻璃上都能折射 2 次(每层各一次)，需要将"最大折射"设置为2x(玻璃的数目)。但为了节省渲染时间，可以将"最大反射"设置为1，这样会在相对较短的渲染时间内产生精确的多层折射。

3ds Max 的光能传递技术在场景中生成更精确的照明光度学模拟。像间接照明、柔和阴影和曲面间的映色等效果可以生成自然逼真的图像，而这样真实的图像是无法用标准扫描线渲染得到的。

08 设置光圈范围

展开 Spotlight Parameters（聚光灯参数）卷栏，把 Hotspot/Beam（聚光区/光束）改为 16.7，Falloff/Field（衰减区/区域）改为 18.7，如图 5-13 所示。

图 5-13

09 设置灯光阴影偏移和采样范围

展开 Shadow Map Params（阴影贴图参数）卷栏，把 Bias 设为 0.01，Sample Range 设为 20，如图 5-14 所示。

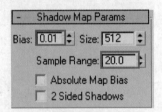

图 5-14

10 将坐标轴对齐到灯光前点

在顶视图选中聚光灯，然后在窗口右边单击 按钮，选择 Adiust Pivot（调整轴）卷栏下的 Affect Pivot Only（仅影响轴），如图 5-15 所示。可以看到在视图中的聚光灯上出现了坐标轴，如图 5-16 所示。

图 5-15

图 5-16

在菜单栏窗口中 Group（组）的下拉菜单下选择 Group（成组）命令，弹出 Group 对话框后单击 OK 按钮，如图 5-17 所示。

图 5-17

再将坐标轴与灯光的前点对齐，如图 5-18 所示。最后关闭 Affect Pivot Only（仅影响轴）。

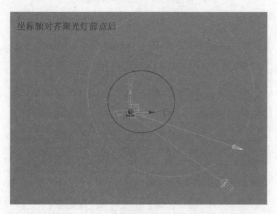

图 5-18

11　灯光阵列

在视图窗口菜单栏单击 Tools（工具），选择 Array（阵列），进入设置面板，把 Z 轴下的第二个参数设为 30，Type of Object（对象类型）下选择 Instanse（关联复制），Array

这些图像更好地展示了设计在特定照明条件下的外观。

取消 Shadows 下的 On 选项是让第二排的灯光不产生阴影效果。

知 识 点 提 示

最暗的区域是阴影底部以及太阳光直射和球体的暗部之间的区域，这个区域叫做明暗界限。阴影底部是非常暗的，因为它没有被太阳光照射，同时球又把大部分的天光和反弹光遮住了。另一方面在阴影最暗部结束的地方反而更亮，因为这个区域接收到更多天光以及从球体反弹过来的光。

操 作 提 示

在场景比较复杂时可以将暂时不要用的物体先隐藏掉，便于操作。

在视图中建立 Box 是为了使增加建筑的庄重感，画面的素描关系能够得到更好的体现。

知 识 点 提 示

抗锯齿可以平滑渲染时产生的对角线或弯曲线条的锯齿状边缘。只有在渲染测试图像并且较快的速度比图像质量更重要时才禁用该选项。禁用"抗锯齿"将使"强制线框"设置无效。即使启用"强制线框"，几何体也将根据其自身指定的材质进行渲染。通过禁用"抗锯齿"还可禁用渲染元素。如果需要渲染元素，就确保"抗锯齿"处于启用状态。

操作提示

使用 3ds Max 默认的扫描线渲染器，尺寸越大图像，将会越清晰，具体大小根据设计需求来定。

知识点提示

在 3ds Max R 2.5 以前的版本中，抗锯齿只影响几何体的边缘，位图的过滤由"位图贴图"参数（四棱锥、总面积或无过滤）控制。而当前的抗锯齿过滤器影响对象的每个方面，在过滤几何体边缘的同时也过滤纹理。虽然在 R 2.5 及其后的版本中使用的方法可以产生更好的结果，但是在渲染那些应该匹配环境背景的对象时，该方法却产生一些问题，因为抗锯齿过滤器在默认情况下不影响背景（在 3ds Max.ini 文件的"渲染器"部分或菜单命令"自定义"→"首选项"→"渲染"选项卡→"背景"组→"过滤背景"中，FilterBackground 设置为 0）。要正确地将对象贴图匹配到未过滤的背景图像上，则需要使用"图版匹配/MAX R2"过滤器，这样纹理才不会受到抗锯齿的影响。

Catmull-Rom（锐利）

具有轻微边缘增强效果的像素重组过滤器，会使图像更清晰、更干净，层次加强。

操作提示

无论是在模型制作还是灯光渲染的制作过程中都要经常对场景文件进行保存（也可在设置面板进行设置，具体多少时间保存一次，根据个人需要），以免文件跳屏或损坏。

Dimensions（阵列维度）下的 1D 设置为 12，如图 5 - 19 所示。单击 OK 按钮后灯光将出现在视图中，如图 5 - 20 所示。

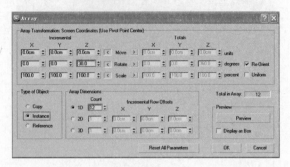

图 5 - 19

图 5 - 20

设置完毕后，按 按钮对场景进行测试渲染，效果如图 5 - 21 所示。

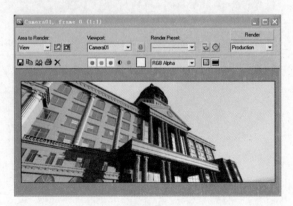

图 5 - 21

12 复制聚光灯

在左视图框选场景中所有的聚光灯后，按〈Shift〉键向下拖动，再选择 Copy（复制），如图 5 - 22 所示。

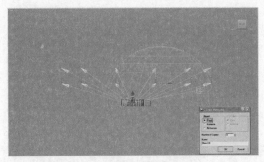

图 5-22

13　设置第二排灯光颜色和强度

选中第二排的任意一盏灯光进入修改面板，在 General Parameters(常规参数)卷栏的 Shadows(阴影)下取消 On(启用)选项，如图 5-23 所示。再在 Intensity/Color/Attenuation (强度/颜色/衰减)卷栏下将 Multiplier 设为 0.03，天空颜色 RGB 参数设为(R：255，G：233，B：166)，如图 5-24 所示。

图 5-23

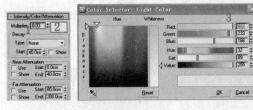

图 5-24

设置完毕后，按〈F9〉键对场景进行渲染，效果如图 5-25 所示。

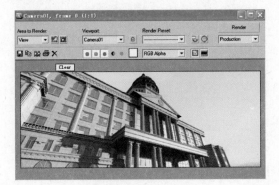

图 5-25

14　制作物体加强阴影

选中天空和灯光后,单击鼠标右键,然后单击 Hide Selection(隐藏当前选择)将物体隐藏,在建筑的对面画上几个长宽不同的 Box(长方体),并任意贴上与建筑墙体接近的贴图图片,如图 5 - 26 所示。

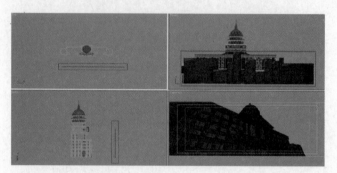

图 5 - 26

制作完成后,按 按钮对场景进行渲染,效果如图 5 - 27 所示。

图 5 - 27

15　设置画面尺寸

调节好灯光后,就可以进行成品图片的渲染。单击 进入渲染面板,在 Common(公用)下将把图像尺寸改为 2 000×778,如图 5 - 28 所示。

16　更改过滤器方式

将 Antialiasing(抗锯齿)过滤方式改为 Catmull-Rom(锐利),如图 5 - 29 所示。

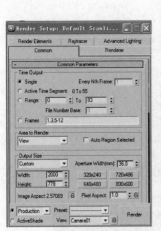

图 5-28　　　　　　　　　　图 5-29

设置完成以后,先保存场景,然后单击 Render(渲染)按钮进行渲染,单击渲染窗口的 ⊟ 按钮,在弹出的对话框中选择保存格式以保存图片。最终效果如图 5-30 所示。

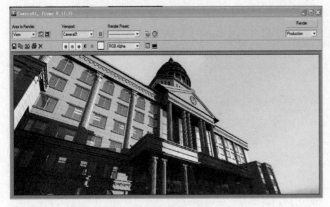

图 5-30

5.2 Mental Ray 室内灯光场景实例

知识点：mr 太阳，mr 天空，设置太阳照射时间段和地理位置，全局照明，光子图运用

图 5 - 31

知 识 点 提 示

　　Mental Ray 是一款专业的渲染系统，它可以产生令人难以置信的相片级高质量图像。它具有一流的高性能、真实光线追踪渲染功能。在以前，它在电影领域得到了广泛的应用和认可，被认为是市场上最高级的三维渲染引擎之一。3ds Max6 以后，Mental Ray 被完全集成其中，并且伴随着 3ds Max 的版本升级，其功能也越来越强大、完善。

操 作 提 示

　　使用 mr 太阳和 mr 天空功能可以创建真实的相片般品质的太

01　为场景建立主光源

　　单击命令面板的 → →Daylight（日光），在顶视图中的窗口位置创建一个指南针辅助物体，然后拉出日光高度，如图 5 - 32 所示。

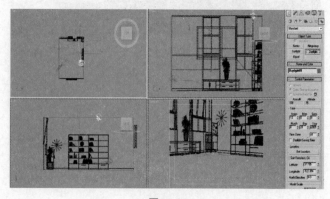

图 5 - 32

02 更改太阳光与天光类型

在视图中选择日光灯物体,进入 命令面板,将 Daylight Parameters(日光参数)卷栏中的 IES Sun(太阳光)、天光都改为 mr Sky 类型,如图 5-33 所示。

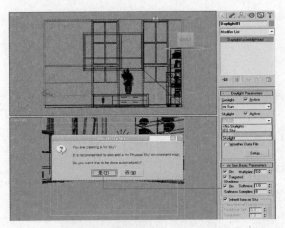

图 5-33

03 设置太阳照射时段和地理位置

在 命令面板中单击 Setup(设置)按钮,进入 → Parameters 设置面板中,将当前场景的太阳照射时间段设置为 2009 年 6 月 21 日 15 时,接着单击 Get location (获取位置)按钮,在弹出的 Geographic Location(地理位置)对话框中选择当前地理位置为 Shanghai China(中国上海),如图 5-34 所示。

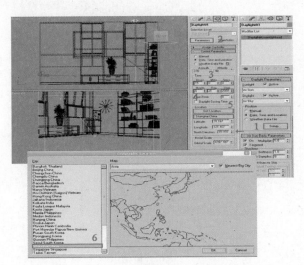

图 5-34

阳光和天光效果以及太阳悬挂在天空中的景象,由此功能转为启用物理模拟日光和精确渲染日光场景设计,因此其自身即非常智能,能很好地模拟出现实世界中太阳距离地平线不同照射夹角的光感特征,在调节太阳高度的同时,太阳光会产生强弱变化,并且可以实时地影响到天光强度和光色。

知 识 点 提 示

单击 →Parameters(参数)面板中 Location(获取位置)按钮,在弹出的 Geographic Location(地理位置)对话框左侧选择"中国上海"(除了在左侧选项中选择以外,还可以在右侧的地图中直接用鼠标单击地图中大致的地理位置,2 种方法得到的结果是一样的)。

在默认情况下,mr 物理太阳光是无法使用移动工具进行调节的(除非选中"手动调节"选项)。但外面可以使用手动的方法旋转 Compass(指南针)物体来设置场景中太阳的照射方位。

知 识 点 提 示

默认情况下,mr 物理天空的 Haze 值与 mr 太阳关联,因此,外面只需要调节 mr Sky 参数的 Haze 值就可以了。如果单独调节出特殊的光线环境,就需要取消 mr Sun 参数卷栏中由 mr Sky 继承而来的选项,再进行相关设置。

操 作 提 示

在现实世界中,光能从一个曲

面反弹到另一个曲面。这往往会使阴影变得柔和，并使照明比不反弹光能时更加均匀。但在 3D 图形学中，默认情况下光线不反弹，必须由程序生成反弹照明的模型。有许多方法可以达到上述目的。由 Mental Ray 渲染器提供的方法称为全局照明。全局照明使用的光子与用于渲染焦散的光子相同。实际上，全局照明和焦散都属于同一个总类别，将该类别称为间接照明。在场景中，可以使用全局照明来创建平滑的、外观自然的照明，而仅需用相对较少的光源和增加相对较短的渲染时间。

知识点提示

Logarithmic Exposure Control（对数曝光控制）

相对默认的曝光类型画面会比较柔和，明暗对比不会太明显，是一种常用的曝光方式。启用时，转换适合室外场景的颜色。

Exterior daylight（室外日光）

启用时，转换适合室外场景的颜色。默认设置为禁用状态。

操作提示

渲染室内效果图时经常会遇到的黑斑和局部曝光的问题，这与曝光控制的选择有一定的关系。一般，人们常会忽略曝光控制，因为在默认的线性曝光控制下，大部分的渲染效果还是不错的。不过久而久之，人们就会将室内效果图制作中遇到的黑斑问题归咎于 GI 参数的设置，这实际上是一个误区。

04 设置太阳光线入射角度

在顶视图中选择 Compass（指南针）物体，按〈E〉键，用 ↺ 工具将其旋转至如图 5-35 所示的方位，由此确定太阳光线对室内的入射角度。

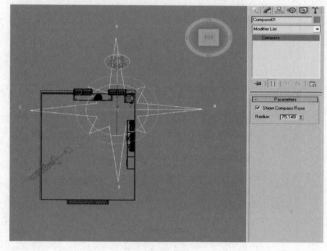

图 5-35

05 开启全局照明

按〈F10〉键，打开渲染场景的 Indirect Illumination（间接照明）选项卡，选中 Global Illumination〔GI〕命令组下的 Enable（启用）选项，如图 5-36 所示。按〈F9〉键渲染视图。效果如图 5-37 所示。

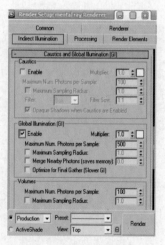

图 5-36

图 5-37

06　更改曝光方式

按〈8〉键，打开 Environment and Effects（环境和效果）对话框，进入 Exposure Control（曝光控制）卷栏，将当前曝光控制器设为 Logarithmic Exposure Control（对数曝光控制）类型，并选中 Exterior daylight（室外日光）选项，其余参数保持默认值即可，如图 5-38 所示。效果如图 5-39 所示。

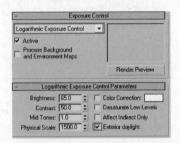

图 5-38

图 5-39

知 识 点 提 示

Maximum Num. Photoshop（每采样最大光子数）

设置使用多少光子来计算全局照明，增加此值可以使全局照明产生较少噪波，同时使光子变得模糊，但渲染速度会相对减慢。采样值越大，渲染时间越长，默认设置为 100。

Max Sampling Radius（最大采样半径）

用来微调设置光子的半径大小，默认为禁用状态。一般光子大小为场景大小的 1/100。当光子反射重叠时，Mental Ray 渲染器使用采样对它们进行平滑。增加采样数可以增加平滑度，同时也增加自己的焦散效果。当光子半径很小，彼此没有重叠时，则采样设置就不起作用了。光子的半径值小，但是数目很多时，可以产生点状焦散效果。

Average Caustic Photons per Light（每个灯光的平均焦散光子）

设置用于焦散的每束光线所产生的光子数量。增加此值可以增加焦散的精度，但同时会增加内存消耗和渲染时间。

操 作 提 示

在测试渲染阶段，无论是画面的黑斑还是光线，都需要逐步地通过调节测试解决，不要一次就将各项参数设置得很高，那样做不仅仅浪费测试渲染时间，而且也不见得就能取得很好的效果。对于不同的场景进行不同的设置，才是制作效果图的王道。

使用全局照明和最终焦散进行渲染后，场景的照亮很均匀，尽管它仍然有点暗。

在 Mental Ray 中实现间接照明的方法可以分为 Final Gather（最终聚集，简称 FG）、Global Illumination（GI）（全局照明，简称 GI）两种计算引擎。除此之外还有一种运用"Mental Ray 灯光明暗器"配合 Ambie/Reflective Occlusion（base）贴图来模拟全局光照明效果的计算方法（简称灯光 AO）。

3ds Max 不可以将任何颜色空间信息附加到渲染输出上。如有必要，可以在图像编辑程序（如 Adobe Photoshop）中，将一个像 RGB 这样的颜色空间应用到输出图像上。

各种特殊效果（例如胶片颗粒、景深和镜头模拟）可用作渲染效果。另一些效果（例如雾）作为环境效果提供。"环境设置"选项可以选择渲染时的背景或图像，或选择环境光值，而无需使用光能传递。环境设置的一个类别为曝光控制，它可以调整显示在监视器上的灯光级别。渲染效果提供向渲染添加模糊或胶片颗粒的方法，或提供调整其颜色平衡的方法。

Mental Ray 最终聚集里的预设方式分为 Draft、Low、Medium、

07　提高最大采样光子数和全局照明光子

按〈F10〉键进入渲染场景的 Indirect Illumination（间接照明）选项卡中，设置 Maximum Sampling Radius（每采样最大光子数）为 100 000，Maximum Sampling Radius（最大采样半径）为 500，选中 Optimize for Final Gather〔Slower GI〕（最终聚集的优化〔较慢 GI〕）及 All Objects Generate & Receive GI and Caustics（所有对象产生 & 接收全局照明和焦散）选项，如图 5-40 所示。效果如图 5-41 所示。

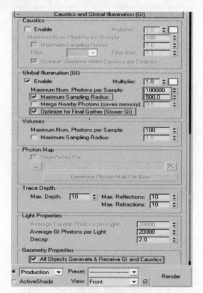

图 5-40

图 5-41

08　提高灯光倍增

在视图中选择阳光灯,进入  命令面板,将 mr Sun Basic Parameters(mr Sun 参数)卷栏中的 Multiplier 设置为 5,mr Sky Parameters(mr Sky 参数)卷栏中的 Multiplier(倍增)设置为 10,如图 5-42 所示。效果如图 5-43 所示。

图 5-42　　　　　　　　　　图 5-43

09　启用最终焦散更改预设方式

按〈F10〉键进入渲染场景设置面板,在 Indirect Illumination(间接照明)选项卡的 Final Gather(最终聚集)卷栏中选中 Enable Final Gather(启用最终聚集)选项,并将预设方式更改为 Draft 方式,如图 5-44 所示。效果如图 5-45 所示。

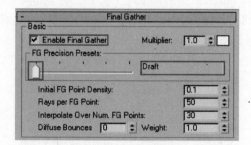

图 5-44

High、Very High 5 种方式。Draft 常用于草图的渲染。

知 识 点 提 示

如果场景的渲染被灯光冲淡,那么在"最终聚集"卷栏的"基本"组中和"间接照明"面板→"焦散和全局照明"卷栏的"焦散和全局照明"组中,双击"倍增"设置。将这些设置应用于场景中的所有灯光。减小"倍增"值可以减少冲淡的影响。

在设置 GI 光子半径时始终存在一个问题,那就是:过大的光子半径会造成细节的丢失,容易造成画面发飘(特别是场景中存在紧密接触的模型,例如墙上挂画),但过小的光子半径会产生黑斑。那么设置多少为合适呢?根据作者的经验,场景中的 GI 光子半径设置为 300~500 较为理想。

操 作 提 示

自发光贴图不会发射光子,因此,当场景中只有自发光物体作为光源的时候,只能通过开始 Mental Ray 的 Inal Gather(最终聚集)来实现全局光照效果。如果开启 Indirect Illumination(间接照明)将不会产生照明效果。

在实际的制作过程中,为节省测试渲染时间,可以把场景中相对次要的细节模型先隐藏,等测试渲染完毕后再全部显示出来进行最终渲染,以加快视图操作的交互速度和测试渲染速度。

知 识 点 提 示

Mental Ray 渲染器可以完全

兼容 3ds Max 的各种曝光控制类型,曝光控制的设置可以独立计算 Mental Ray 光子图。因此,可以先保存计算好的光子图,然后再调节曝光控制中的各项参数,达到从整体上控制画面亮度及对比度的效果。

采样质量控制与渲染时间有很大的关系,较高的抗锯齿品质会增加渲染时间。因此,在实际的工作中,外面在测试场景光线或计算光子图时,可以使用相对较低的抗锯齿品质进行计算,然后在正式出图时提高抗锯齿品质,得到最终的渲染作品。

在大多数情况下的场景,单独使用 FG 就可以得到很好的图像效果,然而出图效率却不会很高。同样,使用 GI 来计算,要取得完全平滑的图像效果也是很困难。最好是使用 GI 光子先取得相对平滑的图像效果,然后配合适合的 FG 设置,就可以轻松获得高品质图像。

渲染将颜色、阴影、照明效果等加入到几何体中。从而可以使用所设置的灯光、所应用的材质及环境设置(如背景和大气)为场景的几何体着色。在"渲染设置"对话框中,可以渲染图像和动画并将它们保存到文件中。渲染的输出将显示在"渲染帧窗口"中,在该窗口中还可以进行渲染和其他设置。

计算小尺寸光子图,然后调入小尺寸光子图进行大尺寸最终渲染的方法,是一种提升渲染速度的有效方法。这一点类似于现在比较流行的 V - Ray 渲染器,不过在 V - Ray 中使用这种方法是靠牺牲画面细节达到节省时间的目的。而在 Mental Ray 中运用这种方法的时候,光子图和最终出图尺寸比率的大小并不会造成明显的画面

图 5 - 45

10 提高倍增

在渲染场景设置面板中,将 Final Gather(最终聚集)的 Multiplier 值提高为 1.5,如图 5 - 46 所示。

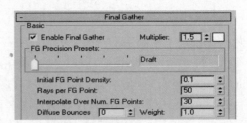

图 5 - 46

将 Global Illtumination〔GI〕(全局照明〔GI〕)的 Multiplier 值提高为 1.8,如图 5 - 47 所示。效果如图 5 - 48 所示。

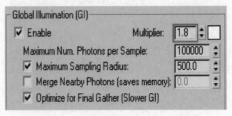

图 5 - 47

图 5 - 48

细节的丢失，可以使用很小的光子图尺寸，计算出高精度的大尺寸最终渲染结果。

11　更改预设模式设置 FG 光子路径

按〈F10〉键，打开渲染场面板，将 Final Gather（最终聚集）中的预设方式改为 High 方式，选中 Final Gather Map（光子贴图）命令组的 Read/Write File（读取/写入文件）选项，单击 ... 按钮，在弹出的"另存为"对话框中为 FG 光子图命名，选择保存路径，如图 5 - 49 所示。

图 5 - 49

在 Gaustics and Global Illumin ation〔GI〕（焦散和全局照明〔GI〕）卷栏中，选中 Photon Map（光子贴图）下的 Read/Write File（读取/写入文件）选项，并单击 ... 按钮，在弹出的"另存为"对话框中为 GI 光子图命名，选择保存路径，如图 5 - 50 所示。

图 5 - 50

12 设置图像尺寸更改相数采样数

在 Common（公用）选项中将 Output Size（输出大小）命令组中的 Width（宽度）设置为 500，Height（高度）设置为 400，接着进入 Renderer（渲染器）选项，将 Samples per Pixel（每像素采样数）命令组中的 Minimum（最小值）设为 1/16，Maximum（最大值）设为 1/4，最后按〈F9〉键进行最终光子图计算，如图 5 - 51 所示。效果如图 5 - 52 所示。

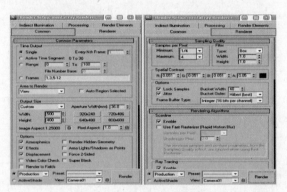

图 5 - 51

图 5 - 52

13　设置最终渲染

按〈F10〉键，打开渲染场景面板，在 Common 选项中将 Output Size 命令组中的 Width 设置为 2 000，Height 设置为 1 600，接着进入 Renderer 选项，将 Samples per Pixel 命令组中的 Minimum 设为 4，Maximum 设为 16，将 Filter（过滤器）类型设为 Lanczos，Bucket Order（渲染块顺序）设为 Top-down（从上到下）的方式，最后按〈F9〉键进行渲染，如图 5－53 所示。效果如图 5－54 所示。

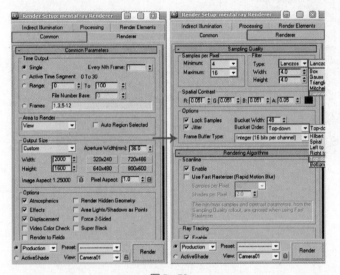

图 5－53

图 5－54

5.3 V-Ray室内灯光场景实例

知识点：V-RaySun 应用,泛光灯应用,V-Ray 自发光特性,V-Ray 渲染器各项参数设置

图 5-55

知识点提示

V-Ray 渲染器共有两种类型的灯光,且分别用在不同地方：

（1）VR 灯光用于对场景进行主要照明,可以作为主光源,也可以作为辅助光源。

（2）VR 阳光用于产生真实的阳光照明,创建该灯光后系统会询问是否同时创建一个 VR 天光作为环境贴图。

VR 灯光和摄像机都只能在当前渲染器类型为 V-Ray 时才能被正确渲染。V-Ray 渲染器也完全支持 3ds Max 的标准灯光和光度学灯光。

操 作 提 示

本章讲解的 V-Ray 渲染器版

01 制作前准备工作

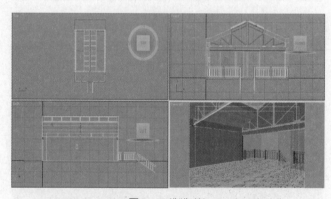

图 5-56（制作前）

在创作逼真的场景时,应当养成从实际照片和电影中取材的习惯。好的参考资料可以提供一些线索,让你知道特定物体和环境在一天内不同时间或者在特定条件下看起来是怎样的。通过认真分析一张照片中高光和阴影的位置,通常可以重新构造对图像起作用的光线的基本位置和强度。

02　确认 V‒Ray 安装

　　首先要确认已经安装 V‒Ray 插件并能正常使用。按〈F10〉键进入渲染面板,打开 Render Scen(渲染面板)窗口,展开 AssignRenderer 卷栏,单击 Production 项后的 ... 按钮,在弹出的对话框中选择 V‒Ray Adv1.5 RC5,如图 5‒57 所示。

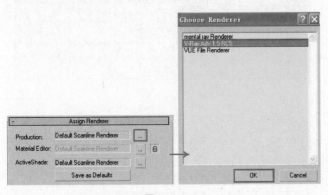

图 5‒57

　　此时单击 Renderer 标签,可以看到渲染器 V‒Ray Adv 1.5 RC5 的全部渲染设置参数,如图 5‒58 所示。

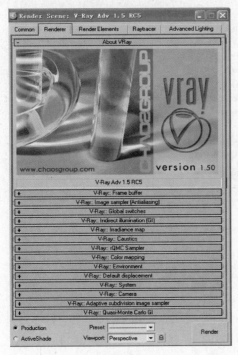

图 5‒58

本为 V‒Ray Adv 1.5RC5。版本的不同可能有一些不同的差异,但大部分操作都是差不多的。

知 识 点 提 示

Lmage sampler 组(图像采样)

　　Fixed(固定比率采样):最基础的一种抗锯齿采样方式。此选项对每个像素固定进行采样。Subdivs 值为细分值,调节每个像素的采样数。

　　Adaptive QMC(准蒙特卡罗采样):此项为一种高级的抗锯齿采样方式,对图像中的像素先采样较少的采样数目,既而对某些像素进行高级采样。Min subdivs 与 Max subdivs 分别控制细分的最小细分值和最大细分值。

　　Adaptive subdivision(自适应细分):此种抗锯齿采样方式为高级采样方式。它以较少的采样,花费较少的时间获得较高的图像质量。Min. rate 是最小比率值控制细分的最小比率,Max. rate 是最大比率值控制细分的最大比率。

操 作 提 示

　　在对场景测试渲染时,将默认的 Adaptive subdivision 设为 Fixed 并取消 On 选项,是为了更快地提高渲染速度。

知 识 点 提 示

Default lights(默认灯光)

　　是否渲染 3d Max 的默认灯光。

Secondary rays bias(二次反弹偏移值)

　　设置光线二次反弹时的偏移

距离值。

Max. tree depth(最大树的深度)

默认为参数值 60,二元空间划分树的最大深度值。较小的参数值将使二元空间划分树占用系统内存较少,但是整个渲染速度会很慢。反之,较大的值可以加快渲染速度。

操 作 提 示

V－Ray:System(V－Ray 系统):此面板可以设置一些渲图的方式、大小、时间显示等,可以根据自己的习惯来进行设置。

知 识 点 提 示

其实在建筑效果图中,建筑本身、周围环境以及物体表面的质感表现都非常重要,三者缺一不可。在一个标准的室内人造光效果制作中,至少要掌握三大要素:第一个要素是主光源,它是起到照亮整个场景的作用,在效果图制作中,可以采用人造光加环境光加二级反射的方法来表现,它是一个综合制作,也可能会包含辅助光。第二个要素是灯带的制作。基本上采用真实的灯光进行模拟,虽然速度要慢一点,但是最终的效果非常好。第三个要素是最重要的,也是最具表现力的,即室内的辅助照明。一般采用光域网来进行模拟。

V－RaySun(V－Ray 太阳光)

V－RaySun 的不同位置将表现出一天中不同的时间段。

Enabled(阳光开光):选中时 V－RaySun 开启,反之则是关闭。

03 设置图像采样

单击展开 V－Ray:Image sampler (Antialiasing)(图像采样)卷栏,将默认的 Adaptive subdivision(自适应细分)抗锯齿采样方式改为 Fixed(固定比率采样),取消 On(启用)选项,如图 5－59 所示。

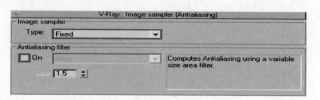

图 5－59

04 设置全局开关

单击展开 V－Ray:Global switches(全局开关)卷栏,取消 Default lights(默认灯光)选项,将 Secondary rays bias(二级光线偏移)设为 0.01,其余的参数都为默认值,如图 5－60 所示。

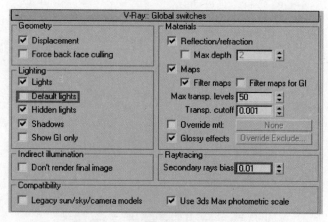

图 5－60

05 设置最大树的深度

为了更好地提高测试渲染速度,展开 V－Ray:System(系统)卷栏,将 Max. tree depth(最大树的深度)值设为 75,如图 5－61 所示。

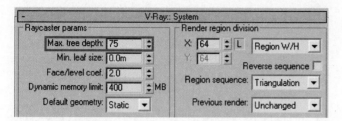

图 5-61

根据前期风格定位为场景添加摆设和植物。关于摆设物体的制作不再多讲,此处重点介绍灯光和一些测试数据,使读者能够更好地把握渲染时间。

06 建立 V-Ray 阳光

单击 Max 窗口最右边的灯光面板,在灯光类型里选择 V-Ray 灯光。在 V-Ray 灯光板块中选择 V-RaySun(V-Ray 阳光),并将其建立在场景中上方作为主光源,如图 5-62、图 5-63 所示。

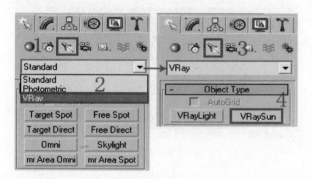

图 5-62

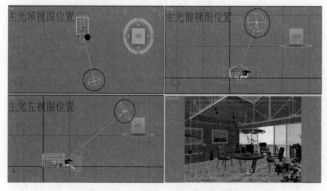

图 5-63

Turbidity(空气浑浊度):它影响 sun 和 sky 的颜色。比较小的值表示晴朗干净的空气。

Ozone(空气中氧气含量):较小的值阳光比较黄,较大的值阳光比较蓝,默认为 3.5。

Intensity ultiplier(阳光的亮度):默认为 1,会让整个场景太亮。在上面例子中,阳光亮度为 0.012。

Size multiplier(太阳大小):它的作用主要表现在阴影的模糊上,较大的值阳光阴影比较模糊。

Shadow subdivs(阴影细分):较大的值模糊区域的阴影将比较光滑,没有杂点。

Shadow bias(阴影偏移):用来控制物体与阴影偏移距离,较高的值会使阴影向灯光的方向偏移。

Photon emit radius(光子发射半径):这个参数和 Photon map 计算引擎有关。

Exclude(排除物体):被排除后的物体会失去光照。

操 作 提 示

在模拟天空的物体上为它赋予 V-Ray 自发光材质,参数值为 2,在材质中添加了一张天空贴图。选中天空物体右击,选择 Properties(物体属性),取消"接收阴影"和"产生阴影"选项,这样阳光就不会受到物体的阻碍,能够直接照射进来。

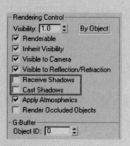

知识点提示

V－Ray 自发光特性：和 3ds Max 不同的是，V－Ray 的自发光材质能起到照明的作用，在场景中模拟天空的自发光材质在场景中也有一定的照明效果。

当光照射到一个物体表面时，不是被反弹就是被吸收。反弹与吸收由物体表面颜色决定。白色物体反射所有波长的光；反之，黑色物体吸收所有波长的光。当白光照射到一个红表面时，蓝光与绿光被吸收而红光被反射。

On：为全局光照明。

Light cache（灯光缓冲器）：它是一种近似于场景中全局光照明的技术，与光子贴图类似。此项可用与室内和室外场景的渲染计算。它可以直接使用，也可被用于使用发光贴图或直接计算时的光线二次反弹计算。

Custom（自定义级别）：此模式可根据需要调节出效果不同的参数。

Min rate（最小比率参数）：确定每个像素中最少的全局照明采样数目。此值为负值时能够快速计算图像中大块较平坦的区域。

Max rate（最大比率参数）：确定每个像素中最大的全局照明采样数目。

HSph. Subdivs（半球细分）：决定单独的全局光照样本的品质。参数较小时可获得较快的速度，但容易产生黑斑。

Calculation parameter（计算参数）

Subdivs（细分参数）：默认为1 000。细分值越高，效果越细腻，速度也会越慢。

07 设置 V－RaySun 参数

选中灯光，单击修改面板，在 V－RaySun Parameters（V－Ray 阳光参数）卷栏下将 turbidity（空气混浊度）设为 4，intensity multiplier（阳光的亮度）设为 0.012，size multiplier（太阳大小）设为 2.4，其余参数仍用默认值，如图 5－64 所示。

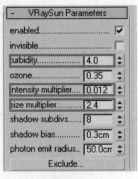

图 5－64

接下来用快捷键〈F9〉对场景进行渲染，查看光影效果，效果如图 5－65 所示。

图 5－65

08 增加环境贴图

测试渲染后对光影关系基本满意。再到 3ds Max 窗口上方 Rendering（渲染）里找到 Environment（环境）面板，在面板中为 Environment Map（环境贴图）添加一张天空材质，如图 5－66 所示。

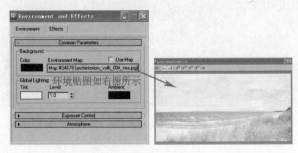

图 5－66

09 提高环境贴图的输出量

将贴图关联复制到材质球当中,展开材质编辑器里的 Output(输出)卷栏,把 Output Amount(输出量)设为 4.5,如图 5-67 所示。

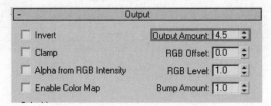

图 5-67

设置完毕后,再对场景进行渲染,效果如图 5-68 所示。

图 5-68

对比上一次的测试渲染,可以清楚地看到光线从屋顶上方的玻璃处投射到屋内,这就是 V-Ray 自发光特性起到的照明作用。

10 开启间接照明,更改二级反弹方式

按〈F10〉键进入渲染面板,展开 V-Ray:Indirect illumination〔GI〕(V-Ray 间接照明)卷栏,选中 On 选项,将 Secondary bounces(二级反弹)方式改为 Light cache(灯光缓冲器),如图 5-69 所示。

GI Environment〔skylight〕ocerride 组(GI 环境天空光)

On:选中此项即开启 V-Ray 环境天空光。

Color(色块):此色块用来指定天空光的颜色。

Multiplier(天空倍增值):用来调节天空光亮度。

None:用来设置天空光贴图。

Exponential(指数倍增):此模式对预防非常亮的区域曝光非常有用。它不会钳制颜色范围,而是更加饱和。

Dark multiplier(暗部的倍增值):控制暗的色彩倍增。

Bright multiplier(亮部倍增值):控制亮部色彩倍增。

Gamma(亮度伽码):默认为1,这里为了提高整体画面的亮度,将参数值改为 1.15。

泛光灯本身只有一个控制点,如果控制点向上移动,高光在建筑表面的位置就会向上移动、向下移动,高光在建筑表面的位置也会向下移动。左右也是相同道理。泛光灯的内圈用来控制高光的大小,外圈用来控制建筑表面的退晕变化。外圈过大就会减弱建筑表面的退晕变化;过小,建筑表面的退晕变化就会生硬,不够柔和。

操 作 提 示

由于用的是 V-Ray 渲染器,所以将阴影方式改为 V-RayShadow,这样阴影效果会更加的真实。

这里将聚光灯只照射"桌子组合"是为了更好的表现桌面的明暗变化,除了"桌子组合"的组合外,其他的物体将不会受到任何影响。

Multiplier：灯光强度值。

RGB 参数值：灯光颜色。

Far Attenuation：远距离衰减。光源到 Start 之间的灯光值保持与 Multiplier 的值相同。Start 到 End 之间的灯光值逐渐从 Multiplier 的值衰减到 0。End 以外的灯光值为 0。

Use：开启或关闭衰减效果。

操 作 提 示

在测渲图上可以看到由于玻璃门外面的"太阳伞"位置对灯光的阴影产生了些影响，为了得到更好的阴影效果，对物体属性进行设置。

知 识 点 提 示

在室内效果图制作中，如果要使用人造光源来照亮室内场景，那么仅凭单个灯具的表现力是远远不够的。因为一般的室内装饰中的光源主要以点光源和线光源为主，仅靠一两盏灯还是不足以照亮整个室内大空间，若要强行达到预定亮度的话，则需要将灯具的亮度设置得非常高才行。这又势必会导致室内的一些体积较大的物体投下刺眼的阴影。因此如何在室内设计方案中利用灯具来削弱这些阴影，是设计师们首要考虑的问题。

学习使用 V-Ray 渲染室内效果图之前，有必要先介绍 V-Ray 渲染室内效果图的特点。V-Ray 渲染室内效果可以为两大类：一类是大多数广告公司所要求的快速出图的效果，此类效果对图形的逼

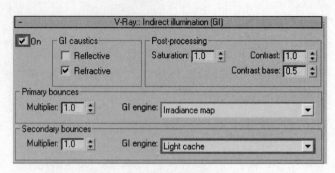

图 5-69

11　设置发光贴图展卷栏参数

为了得到更快的渲染速度，可以对各项参数进行设置。展开 V-Ray：Irradiance map 卷栏，在 Current preset（当前预设）下拉菜单中把渲染级别改为 Custom（自定义），再将 Basic parameters（基本参数）组下的 Min rate 设为 -5，Max rate 设为 -4，HSph. Subdivs 设为 15，其余参数暂时不变，如图 5-70 所示。

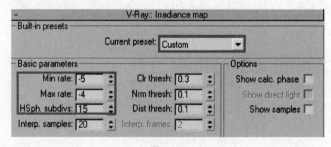

图 5-70

12　降低细分值

展开 V-Ray：Light cache 卷栏，把 Calculation parameter 组下的 Subdivs（细分参数）设为 150，如图 5-71 所示。

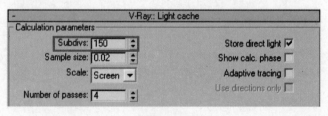

图 5-71

13　将环境贴图与 V‐Ray 天光关联

展开 V‐Ray：Environment（V‐Ray 环境）卷栏，选中 GI Environment〔skylight〕ocerride（全局光环境（天光）覆盖）组下的 On 选项，再把 Environment（环境）面板里的贴图关联复制到 None 中，如图 5‐72、图 5‐73 所示。

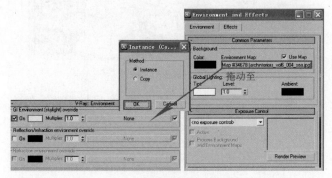

图 5‐72

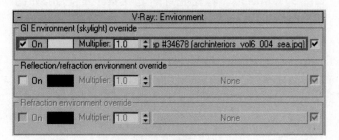

图 5‐73

14　更改曝光方式

展开 V‐Ray：Color mapping（V‐Ray 颜色映射）卷栏，把默认的 Linear multiply（线性倍增）改为 Exponential（指数倍增），Dark multiplier 设为 0.65，Bright multiplier 设改为 1.3，Gamma 设为 1.15，如图 5‐74 所示。

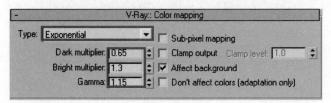

图 5‐74

设置完毕后再对场景进行渲染，效果如图 5‐75 所示。

真度要求不高，但对整幅图的色调及洁净度有着很高的要求，这一点在 V‐Ray 中可以轻易做到，前提是牺牲丰富、细腻的阴影效果。另一类则是照片级别的效果，多见于国外。要想在 V‐Ray 中渲染出照片级别的图形，不但需要在软件中严格设置各种参数，而且要求设计师对 V‐Ray 渲染器有深厚的理解。

渲染大尺寸图像时，可能会接收到一条消息，内容是"创建位图时出错"或内存不足。如果出现此情况，启用位于"首选项"对话框"渲染"面板上的位图分页程序。该位图分页程序可以防止渲染过程因缺乏足够的内存而意外中断。换句话说，可以减缓渲染进程的速度。

知 识 点 提 示

Catmull-Rom

具有轻微边缘增强效果的像素重组过滤器，会使图像更清晰干净。

High（高级）

属于高品质预设模式，可以使渲染画面产生大量的细节。

HSph. Subdivs（半球细分）

决定单独的全局光照样本的品质。参数较小时可获得较快的速度，但容易产生黑斑，在最终渲染时可将它提高到 50。

Subdivs（细分参数）

确定有多少条来自摄像机的路径被追踪。默认值为 1 000，指的是将有 1 000 000 条照相机路径被追踪。细分值越高，效果越细腻，速度也会更慢。

图 5 – 75

通过渲染测试，感觉效果不错，接下来对细节进行处理。

15 为场景补光

单击 3ds Max 窗口最右边的灯光面板，选择泛光灯，如图 5 – 76 所示。将泛光灯建立在桌子的上方，如图 5 – 77 所示。

图 5 – 76

图 5 – 77

16 修改补光阴影类型

选中灯光，单击修改面板，将阴影类型改为 V – Ray,

如图 5 - 78 所示。

图 5 - 78

17　设置补光

单击 Include 按钮,在弹出的面板左边找名称为"桌子组合"的组合双击,在面板右上角单击 Include(包含),设置完毕后单击 OK 按钮退出,如图 5 - 79 所示。

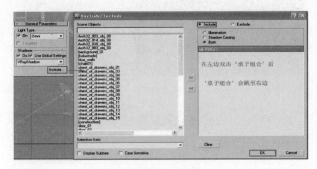

图 5 - 79

18　设置补光强度、颜色、远距离衰减

在 Intensity/color/Attenuation 卷栏下将 Multiplier 参数值改为 1.5,RGB 参数设为(R:254,G:232,B:209),并选中 Far Attenuation 下的 Use 选项,将 Start 参数值改为 150,End 参数值改为 200,如图 5 - 80 所示。

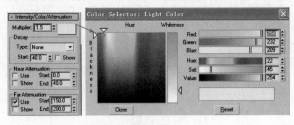

图 5 - 80

19 取消物体阴影

在场景中找到名称为"太阳伞"的物体,单击鼠标右键找到 Object Properties(对象属性)项,取消 Receive Shadows(产生阴影)选项,如图 5 – 81 所示。

设置完毕后再对场景进行渲染,效果如图 5-82 所示。

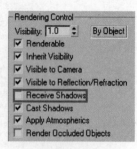

图 5 – 81

图 5 – 82

如果对上面的渲染效果比较满意,就要对渲染参数进行最终出图设置。

20 更改抗锯齿过滤器方式

单击 ⑤ 按钮进入渲染面板,单击展开 V – Ray: Image sampler〔Antialiasing〕(图像采样)卷栏,将 Fixed(固定比率采样)抗锯齿采样方式设为 Adaptive subdivision(自适应细分),选中 On 选项,在抗锯齿过滤器下选择 Catmull-Rom,如图 5 – 83 所示。

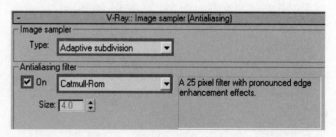

图 5 – 83

21　提高参数级别

展开 V-Ray：Irradiance map 卷栏，在 Current preset（当前预设）下拉菜单中把渲染级别改为 High（高级），将 HSph. Subdivs（半球细分）设为 50，其余参数不变，如图 5-84 所示。

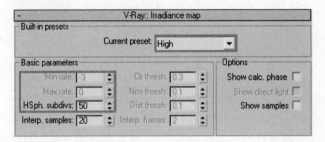

图 5-84

22　提高细分参数值

展开 V-Ray：Light cache 卷栏，把 Calculation parameter（计算参数）组下的 Subdivs（细分参数）改为 1 000，如图 5-85 所示。

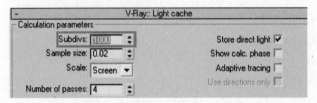

图 5-85

参数设置完毕，按〈F9〉进行渲染，效果如图 5-86 所示。

图 5-86

本章小结

　　本章通过室外的场景实例的制作，详细介绍了 3ds Max 默认灯光的设置方法、其默认的扫描线渲染器的使用方法，以及渲染插件 Mental Ray 的方法。还通过一个室内场景灯光的设置实例介绍了当前热门插件 V-Ray 灯光和渲染器设置过程和方法，并对常用参数和重点参数的具体作用以及制作场景效果图前期需要的准备工作和注意事项也有详细讲解。当然要想提高灯光渲染技能，除了掌握基本知识点外，善于观察生活也是相当重要的。

课后练习

① 对场景进行渲染之前需要做哪些准备？

② 布光的次序是怎么样的？

③ 如何设置太阳照射时间段和地理位置？

④ 提高 V-Ray 渲染器计算参数细分值目的是什么？

⑤ Exponential(指数倍增)的特性是什么？

⑥ V-Ray sun 的阴影衰减效果是在(　　)选项下设置的。

　A. Turbidity　　　　　B. Ozone　　　　　　C. Shadow bias　　　　D. Size multiplier

⑦ 参照图 5-87，根据本章所介绍的灯光设置和渲染器设置方法进行制作。

图 5-87

6

3D 贴图制作艺术

本课学习时间：24 课时

学习目标：掌握贴图的 UV 展开设置方法，了解游戏、影视贴图绘制方法

教学重点：模型 UV 信息合理设置，场景和角色贴图制作流程和方法

教学难点：法线贴图的设置和制作，角色

贴图的绘制

讲授内容：UVW Map 使用方法，Unwrap UVW 贴图展开操作，制作颜色贴图（Diffuse Map），透明通道贴图设置（Alpha），法线贴图设置，角色贴图绘制

课程范例文件：\chapter6\贴图制作.rar

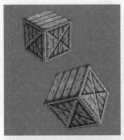
案例一　木箱贴图制作

案例二　M4 步枪贴图制作

案例三　女孩角色贴图制作

3ds Max 的贴图部分知识包括贴图 UV 信息的展开、UV 的合理分配、贴图的绘制等方面。在制作一些复杂场景和角色中，贴图制作所占的比重是非常大的，特别是在游戏、影视角色动画的制作中，贴图水平的好坏甚至是衡量制作者水平高低的一个重要标准。本章将通过游戏中的场景道具和角色的贴图制作，全面讲解贴图制作的全过程。

本章课程总览

6.1 木箱贴图制作

知识点：UVW Map，Unwrap UVW，编辑物体 UV，Photoshop 制作贴图，导出 UV

图 6-1

知识点提示

在 3ds Max 中主要运用的贴图修改器有 2 个，基础的是 UVW Map 修改器，还有一个高级运用的贴图展开修改器是 Unwrap UVW。

UVW Map 修改器

UVW Map 修改器主要功能是将贴图坐标应用于对象，控制在对象曲面上如何显示贴图材质和程序材质。贴图坐标指定如何将位图投影到对象上。

UVW 坐标系与 XYZ 坐标系相似。位图的 U 和 V 轴对应于 X 和 Y 轴。对应于 Z 轴的 W 轴一般仅用于程序贴图。

01 分析制作要求

当一个作品完成模型制作后，在程序材质不够表现物体的整体感觉的情况下，需要给物体赋予贴图纹理，或者专门为其绘制贴图，从而达到理想的效果。

在本例中需要使用一个最简单的 Box 形状制作出木箱效果，如图 6-2 所示。由于模型的面数有限，不能进行模型的细节制作，在这种情况下必须使用贴图的一些技巧，可能还需要进行木箱材质的贴图绘制。

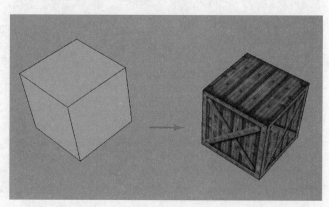

图 6-2

打开素材文件"木箱纹理 A. jpg"，上面已经画好了 2 种纹理，一边是连续的木条纹理，另一边在木条纹理的基础上加了 2 根交叉的木条。如图 6-3 所示。

图 6-3

02 创建场景

打开 3ds Max，在透视图下创建一个 Box 立方体物体，如图 6-4 所示。

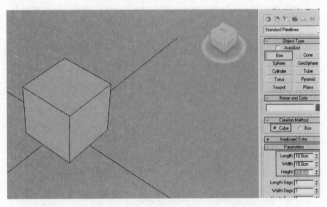

图 6-4

03 赋予贴图给物体

选中物体，按〈M〉键打开材质编辑器，选中一个材质球，选择 Diffuser 旁的小方块，在弹出的 Material/Map Browser（材质/纹理）对话框中选择 Bitmap 位图，再选择"木箱纹理 A. jpg"贴图，单击"打开"按钮，单击 按钮将贴图赋予 Box 物体，如图 6-5 所示。

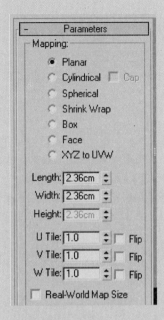

Mapping（贴图）组

Planar（平面）：从对象上的一个平面投影贴图，在某种程度上类似投影幻灯片。在需要贴图对象的一侧时，会使用平面投影。它还用于倾斜地在多个侧面贴图，以及用于贴图对称对象的两个侧面。

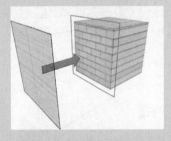

Cylindrical（柱形）：从圆柱体投影贴图，使用它包裹对象。位图接合处的缝是可见的，除非使用无缝贴图。圆柱形投影用于基本形状为圆柱形的对象。封口对圆柱体封口应用平面贴图坐标。

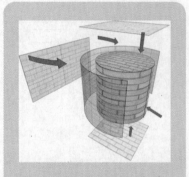

Spherical(球形)：通过从球体投影贴图来包围对象。在球体顶部和底部、位图边与球体两极交汇处会看到缝和贴图奇点。球形投影用于基本形状为球形的对象。

Shrink Wrap(收缩包裹)：使用球形贴图，但是它会截去贴图的各个角，然后在一个单独极点将它们全部结合在一起，仅创建一个极点。收缩包裹贴图用于隐藏贴图极点。

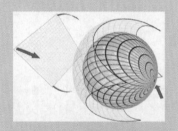

Box(长方体)：从长方体的6个侧面投影贴图。每个侧面投影为一个平面贴图，且表面上的效果取决于曲面法线。从其法线几乎与其每个面的法线平行的最接近长方体的表面贴图每个面。

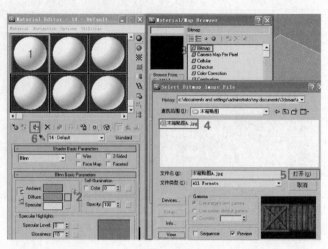

图6-5

单击 🎲 按钮显示纹理，效果如图6-6所示。显然不是我们想要的效果，箱子的四周应该是加了2根木条的贴图，上下顶部是没有加木条的贴图，如图6-1所示。

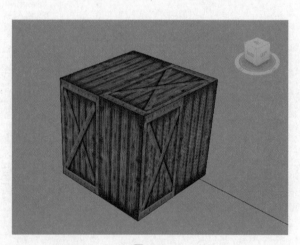

图6-6

04 添加 Uvw Map 命令

选中物体，在修改命令面板下给物体添加 UVW Map 命令，改变贴图在物体上的贴图位置和大小，如图6-7所示。

UVW map 命令有7种贴图映射方式，默认的是 Plane(平面)映射方式，如图6-8所示。

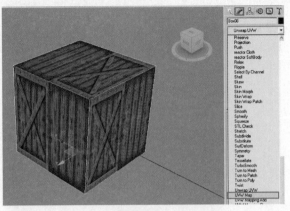

图 6-7

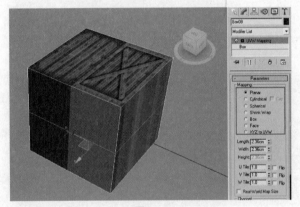

图 6-8

05　UVW Map 命令设置调整

　　显然,默认的命令不是想要的效果。在修改命令面板上选择 Box(盒状)映射方式,可以看到物体的几个面是正确的了,如图 6-9 所示。

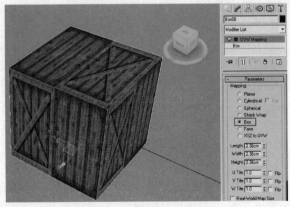

图 6-9

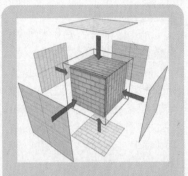

　　Face(面):在每个面上应用贴图。能够在对象的每个面上根据方向产生平面贴图效果。

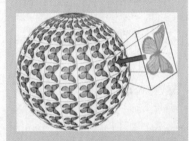

　　XYZ 到 UVW(将(3D 程序贴图到 UVW 坐标):将程序纹理贴到表面。如果表面被拉伸,3D 程序贴图也被拉伸。对于包含动画拓扑的对象可结合程序纹理使用这个选项。

　　Length:长度。

　　Width:宽度。

　　Height:高度。

　　U Tile:U 平铺。

　　V Tile:V 平铺。

　　W Tile: W 平铺。指定 UVW 贴图的尺寸以便平铺图像。这些是浮点值,可设置动画以便随时间移动贴图的平铺。

Flip（翻转）：沿指定轴反转图像。

Real-WorldMapSize（真实世界贴图大小）：缩放值由位于应用材质的"坐标"卷栏中的"使用真实世界比例"设置控制。默认设置为启用。启用时，"长度"、"宽度"、"高度"和"平铺"微调器不可用。

Channel（通道）组

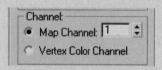

Map Channel（贴图通道）：设置贴图通道。"UVW 贴图"修改器默认为通道 1，贴图通道的范围为 1～99。要使用其他通道，不能仅在"UVW 贴图"修改器中选择通道，还应在指定给对象的材质贴图层级指定显式贴图通道。在修改器堆栈中可使用多个"UVW 贴图"修改器，每个修改器控制材质中不同贴图的贴图坐标。

Vertex Color Channel（顶点颜色通道）：通过选择此选项，可将通道定义为顶点颜色通道。

Alignment（对齐）组

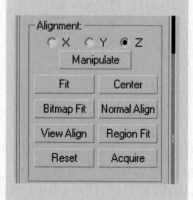

但是木条的具体位置不是很正确。单击修改面板 UVW Map 旁的加号激活 Gizmo，如图 6 - 10 所示。

图 6 - 10

使用放缩工具、移动工具对木条进行调整，如图 6 - 11 所示。

图 6 - 11

再转一个面，同样通过放缩工具、移动工具进行调整，如图 6 - 12 所示。

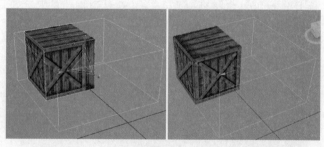

图 6 - 12

06 塌陷整个物体

现在有 2 个面的 UV 已经是正确的位置，其他面的 UV 是调整整个 Box 的，Gizmo 已经不能把每个面调整到需要的位置，要单独选择物体的面进行调整。选择物体后单击鼠标右键执行 Convert to Editable Poly 命令，如图 6-13 所示。

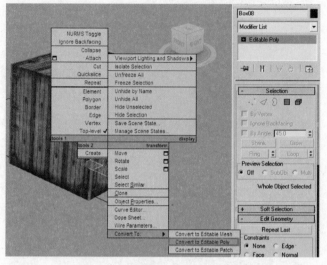

图 6-13

07　继续调整贴图

激活编辑多变形的 ■（多边形选项）按钮，选中一个贴图没有放好位置的面，如图 6-14 所示，为其再添加一个 UVW Map 命令，如图 6-15 所示。

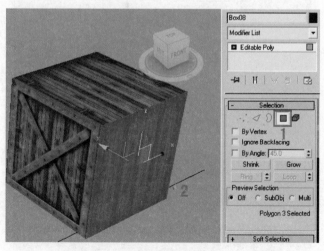

图 6-14

AYZ：选择其中之一，可翻转贴图 Gizmo 的对齐。每项指定 Gizmo 的哪个轴与对象的局部 Z 轴对齐。

Manipulate（操纵）：启用时，Gizmo 出现在视窗中，能直接在视窗中改变参数。

Fit（适配）：将 Gizmo 适配到对象的范围并使其居中，以使其锁定到对象的范围。

Center（居中）：移动 Gizmo，使其中心与对象的中心一致。

Bitmap Fit（位图适配）：显示标准的位图文件浏览器，可以拾取图像。

对于平面贴图，贴图图标被设置为图像的纵横比。对于圆柱形贴图，高度被缩放以匹配位图。为获得最佳效果，首先使用"拟合"按钮以匹配对象和 Gizmo 的半径，然后使用"位图拟合"。

Normal Align（法线对齐）：单击并在要应用修改器的对象曲面上拖动。Gizmo 能捕捉到曲面的曲度。Gizmo 的 XY 平面与该面对齐。Gizmo 的 X 轴位于对象的 XY 平面上。

View Align（视图对齐）：将贴图 Gizmo 重定向为面向当前视窗。图标大小不变。

Region Fit（区域适配）：激活一个模式，从中可在视窗中拖动以定义贴图 Gizmo 的区域，但不影响 Gizmo 的方向。

Reset（重置）：删除控制 Gizmo 的当前控制器，并插入使用"拟合"功能初始化的新控制器，所有 Gizmo 动画都将丢失。

Acquire（获取）：在拾取对象以从中获得 UVW 时，从其他对象有效复制 UVW 坐标，一个对话框会提示选择是以绝对方式还是相对方式完成获得。如果选择"绝对"，获得的贴图 Gizmo 会恰好放在所拾取的贴图 Gizmo 的顶部。

如果选择"相对",获得的贴图 Gizmo 放在选定对象上方。

操 作 提 示

在添加 Unwrap UVW 之前,必须在 Editable Poly 主选项的情况下,即不能激活 Vertex、Edge、Border、Polygon、Element 任何一个子选项。

知 识 点 提 示

Unwrap UVW(展开 UVW 修改器)

通过"展开 UVW 修改器"可以为子对象选择指定贴图坐标,以及自由编辑这些选择的 UVW 坐标信息。

Unwrap UVW 修改器有时会和 UVW Map 修改器结合使用。

Vertex:顶点。
Edge:边。
Face:面。

Selection Parameters(选择参数)

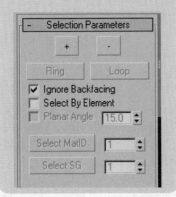

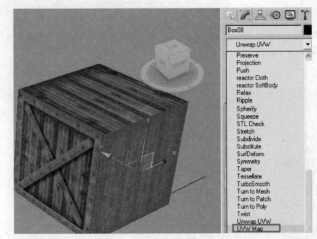

图 6 - 15

激活 UVW Mapping,保持 Planer(平面)方式,在下面的对齐方式中选择 Y 轴,单击 Fit(适合)按钮,如图 6 - 16 所示。

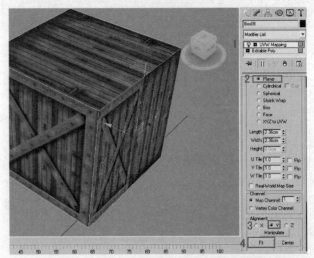

图 6 - 16

也同样通过放缩工具、移动工具进行调整,如图 6 - 17 所示。

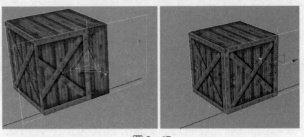

图 6 - 17

还有一面也是采用这种方法,选择一个多边形添加 UVW Map 来制作。

08　调整箱子顶部贴图

现在看到箱子顶上的图像是对的,但旋转方向不对,需要将贴图旋转一下。根据第 6 步和第 7 步的操作,在塌陷后选择顶面,如图 6 - 18 所示。

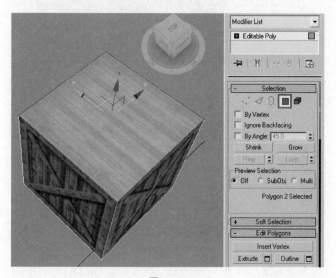

图 6 - 18

为其再添加一个 UVW Map 命令。激活 UVW Mapping,保持 Planer 方式,使用旋转工具旋转 90°,如图 6 - 19 所示。

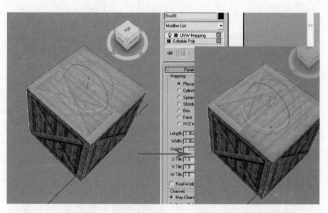

图 6 - 19

再使用放缩工具、移动工具进行调整,如图 6 - 20 所示。

＋按钮:通过选择选定面附近的所有面来扩展选择。

－按钮:通过取消选中非选定面附近的所有面减少选择。

Ring(光环):通过选择所有平行于选中边的边来扩展边选择。圆环只应用于边选择。

Loop(循环):在与选中边相对齐的同时,尽可能远地扩展选择。循环仅用于边选择,而且仅沿着偶数边的交点传播。

Ignore Backfacing(忽略背面):进行区域选择时,将不选中视口中不可见的面。

Select By Element(按元素选择):可以选择"元素"。

Planar Angle(平面角):单击一次,就可以选择连续共面的面。启用此选项,然后设置角度值,它确定哪些面是共面的。然后单击一个面以选择该面和其角度比阈值角度值低的所有连续面。平面角仅用于"面"子对象层级。

Select MatID(选择 MatID):可以通过"材质 ID"启用面选择。指定要选择的材质 ID,然后单击"选择材质 ID"。"选择材质 ID"仅用于"面"子对象层级。

Select SG(选择平滑组):可以通过"平滑组"启用面选择。指定要选择的平滑组,然后单击"选择平滑组"。"选择平滑组"仅用于"面"子对象层级。

Parameters(参数)

Edit(编辑):显示"编辑 UVW"对话框。

Reset UVWs(重置 UVW):在"编辑 UVW"对话框中重置 UVW 坐标。单击它,基本上相当于移除并重新应用修改器。

Save(保存):将 UVW 坐标保存为 UVW(.uvw)文件。

Load(加载):加载一个以前保存的 UVW 文件。

Channel(通道)组

Map Channel(贴图通道):设置贴图通道。

Vertex Color Channel(顶点颜色通道):通过选择此选项,可将通道定义为顶点颜色通道。

Show Seam(显示接缝):启用此选项时,毛皮边界在视口中显示为蓝线。

Show Map Seam(显示贴图结合口):启用此选项时,贴图簇边界在视口中显示为绿线。可以通过调整显示接缝颜色来更改该颜色。

图 6-20

以上的操作是将一张已经画好的贴图贴在 Box 物体上,再通过 UVW Map 进行调整。接下去的操作步骤中,将使用另外一种方法来进行贴图的制作,即 Unwrap UVW 贴图方式:①先通过对物体添加 Unwrap UVW 工具来将物体的 UV 信息展开;②将 UV 信息导出图片信息;③在 Photoshop 中根据 UV 信息图片进行贴图的绘制;④然后把这张绘制好的贴图贴给物体。

下面就通过案例详细地讲解一下这个方法。这是制作复杂贴图常用的一种方法,尤其在游戏制作中使用的最为普遍。

09 添加 Unwrap UVW 贴图修改命令

选中物体,在修改命令菜单中找到 Unwrap UVW 贴图修改命令并添加给物体,如图 6-21 所示。

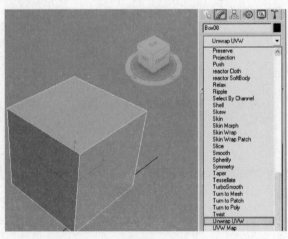

图 6-21

10　编辑物体 UV 信息

单击 Edit 修改命令，弹出 Edit UVWs（编辑 UV）对话框。在这个对话框里可以运用视图里的操作命令进行调整，例如可以用鼠标中键（滚轮）移动视窗位置，如图 6－22 所示。

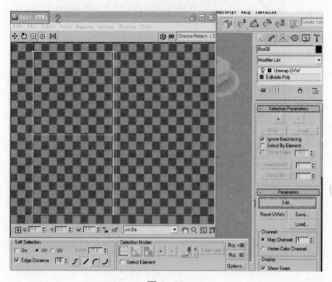

图 6－22

单击 Unwrap UVW 工具旁的"＋"，在子选项中选择 Face。在视窗中框选全部的面，单击菜单栏上的 Mapping→Flatten Mapping 命令，如图 6－23 所示。

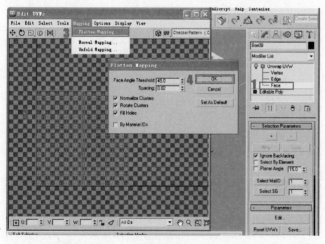

图 6－23

由于制作的物体比较简单，通过这步操作，基本上已

Display（显示）组

显示薄的/厚的接缝：显示厚度设置适用于毛皮结合口和贴图结合口。

Thin Seam Display（显示薄的结合口）：使用相对细的线条，在视口中显示对象曲面上的贴图结合口和毛皮结合口。放大或缩小视图时，线条的粗细保持不变。

Thick Seam Display（显示厚的结合口）：使用相对粗的线条，在视口中显示对象曲面上的贴图边界。放大视图时，线条变粗；而缩小视图时，线条变细。这是默认选择。

Prevent Reflattening（防止重展平）：主要用于纹理烘焙。

Parameters（贴图参数）卷栏

可以为选定的面、片面或曲面应用任意的贴图类型，并用任何一种方式对齐贴图 Gizmo。

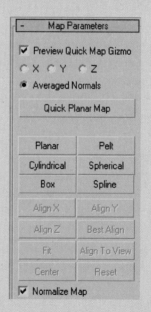

Preview Quick Map Gizmo（预览快速贴图 Gizmo）：启用此选项时，只适用于"快速贴图"工具的矩形平面贴图 Gizmo 会显示在视窗

中选择的面的上方。此 Gizmo 不能手动调整,但是可以使用以下控件重新调整它的方向:

Averaged Normals XYZ(X/Y/Z/平均法线):选择快速贴图 Gizmo 对齐方式,即垂直于对象的局部 X、Y 或 Z 轴,或者基于面的平均法线对齐。

Quick Planar Map(快速平面贴图):"快速贴图"Gizmo 的方向将平面贴图应用于当前的定选择。

Planar(平面):将平面贴图应用于选定的面。

Pelt(毛皮):将毛皮贴图应用于选定的面。单击此按钮激活"毛皮"模式,在这种模式下可以调整贴图和编辑毛皮贴图。

Cylindrical(柱形):对当前选定的面应用圆柱形贴图。

注意将"柱体"贴图应用到选择上时,软件将每一个面贴图至圆柱体 Gizmo 的边上,使其最吻合圆柱方向。为了得到最好的效果,对柱形的对象或对象部位使用圆柱贴图。

Spherical(球形):将球形贴图应用于当前选定的面。

Box(长方体):对当前选定的面应用长方体贴图。

Spline(样条图):将样条线贴图应用于当前选定的面。单击该按钮可激活"样条线"模式,在该模式下,可以调整贴图以及编辑样条线贴图。

Align X、AlignY、AlignZ(对齐 X/Y/Z):将 Gizmo 对齐到对象本地坐标系中的 X、Y、Z 轴。

Best Align(最佳对齐):调整贴图 Gizmo 的位置、方向,根据选择的范围和平均法线缩放使其吻合。

经展开 UV 了。但是由于 UV 信息比较分散,不利于贴图的绘制,还需要把 UV 信息进行整合操作,如图 6 - 24 所示。

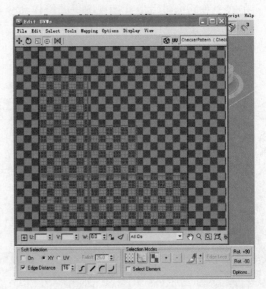

图 6 - 24

11 精细的调整物体 UV 信息

在这一步会对 UV 进行精细的调整,把物体的 UV 信息进行合理的整合,有利于贴图的绘制。在 Face 面选择的情况下,选择物体顶的面,在编辑 UV 窗口确定其位置,接下去围绕着这块面进行 UV 编辑调整,如图 6 - 25 所示。

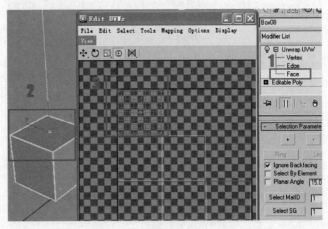

图 6 - 25

单击移除贴图,去除网格,这样会看得更加清楚,如

图 6-26 所示。

图 6-26

在边的模式下，选择其中的一条边，发现有一条相对应的边变成了蓝色，如图 6-27 所示。

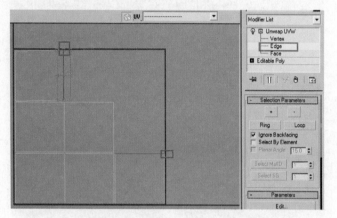

图 6-27

执行 Tools→Stitch Selected 命令，在弹出的对话框中单击 Ok 按钮，如图 6-28 所示。

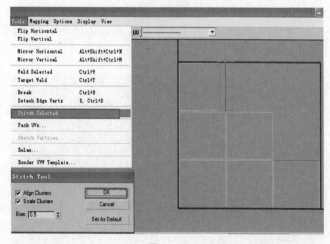

图 6-28

Fit(适配)：将 Gizmo 缩放到所选择的范围，并使其居中位于所选择的范围中，不需要更改方向。

Align To View(对齐到视图)：重新调整贴图 Gizmo 的方向使其面对活动视口，然后根据需要调整其大小和位置，使其与选择范围相符。

Center（居中）：移动贴图 Gizmo，使它的轴与选择中心对齐。

Reset(重置)：缩放 Gizmo，使其与选择吻合并与对象的本地空间对齐。

Normalize Map(规格化贴图)：启用此选项后，缩放贴图坐标使其符合标准坐标贴图空间 0～1。

接缝控件

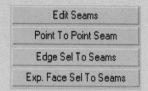

这些工具提供了指定毛皮接合口的不同方法，在修改器的所有子对象层级都可以使用。毛皮接缝适用于毛皮贴图以及样条线贴图。

Edit Seams(编辑接合口)：在视口中用鼠标选择边来指定毛皮接合口。

Point To Point Seam(点对点接合口)：在视口中用鼠标选择顶点来指定毛皮接合口。用该工具指定的毛皮接合口总是添加到当前接合口选择中。

Edge Sel To seams(边选择转换为接合口)：将修改器中的当前边选择转化为毛皮接合口。

Exp. Face Sel To Seams(将面选择扩展至结合口)：扩展当前的

面选择,使其与毛皮接合口的边界吻合。如果多个接合口轮廓包含所选中的面,那么扩展只在最后一次选中的面上发生,取消其他所有选择。

操 作 提 示

根据操作的需要,有时可以从物体上选择面来编辑 UV,有时也可以选择 UV 上的面来编辑物体,这样可以更快捷地完成制作。

这里介绍的 Planar 是以面方式投射。同样,如果制作的模型是一个圆柱形,就可以用 Cylindrical(圆柱形)方式投射。根据模型的需要选择相应的投射方式和投射角度是非常重要的。

当编辑好一部分 UV 后,可以将这一块 UV 拖到旁边的空白区域,以方便接下来的制作。

发现另外一个面被吸过来,并且 2 块面粘在一起,如图 6-29 所示。

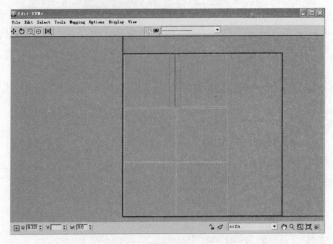

图 6-29

用以上方法再选中一边,把相应的旁边的边吸过来。如图 6-30 所示。

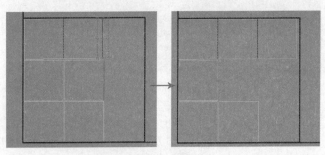

图 6-30

再用以上方法选中一边把相应的旁边的边吸过来,如图 6-31 所示。

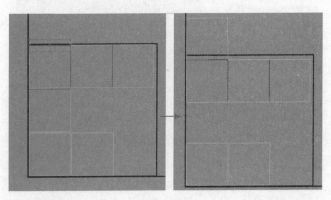

图 6-31

再用以上方法选中一边,把相应的旁边的边吸过来。如图 6 - 32 所示。

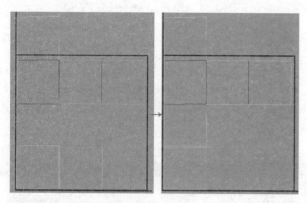

图 6 - 32

把最后一块边整理好后,最终效果如图 6 - 33 所示。

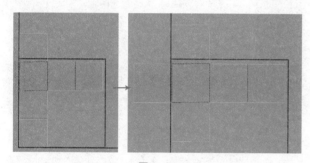

图 6 - 33

最后在面的模式下,单击 工具,把 UV 全部放进蓝色限制框中,如图 6 - 34 所示。UV 展开过程至此结束。

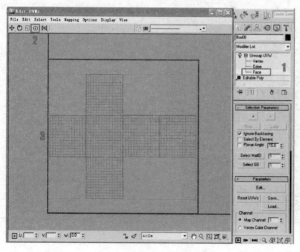

图 6 - 34

展开的这个物体属于比较简单的，一些复杂物体还可以在 Vetex 模式下，通过点的移动来进行调整。有关 UV 编辑窗口的工具命令可以参考左栏的知识点。

12　导出 UV 信息

接下来将展好的 UV 导出。执行 Tools→Render UVW Template 命令，在弹出的对话框中设置好尺寸大小，单击 Render UV Template 按钮导出，如图 6 - 35 所示。

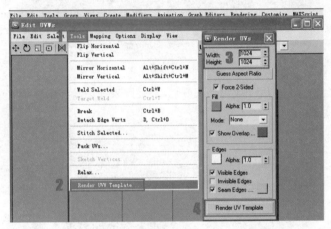

图 6 - 35

在弹出的渲染图框中单击"保存图像"按钮，选择 PNG 格式，输入保存名称，在弹出的窗口中选择 24 位图像，单击"保存"按钮，如图 6 - 36 所示。

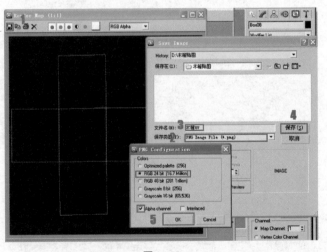

图 6 - 36

接下来将展开的 UV 颜色块导出。执行 Tools→Render UVW Template 命令,在弹出的对话框中选择 Solid,设置好尺寸大小,单击 Render UV Template 按钮导出,如图 6-37 所示。

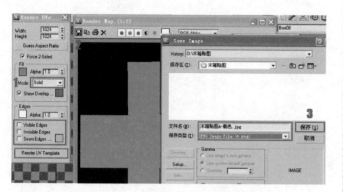

图 6-37

13　制作贴图

打开 Photoshop 软件,将刚刚 2 张输出的 UV 图片打开。用移动工具并按住〈Shift〉键将线框图拖到色块图上,如图 6-38 所示。

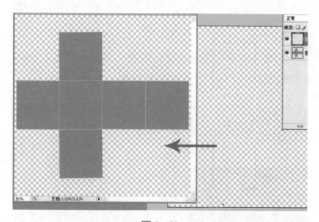

图 6-38

在色块层上按住〈Ctrl〉键,单击图层,把这层变为选区;执行"选择"→"修改"→"扩展"命令,在弹出的对话框中输入 2,一般只要比原来的图像大 2 个像素就不会发生渗色现象,如图 6-39 所示。

填充灰色,如图 6-40 所示。

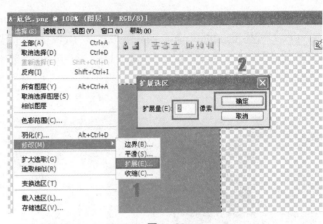

图 6 - 39

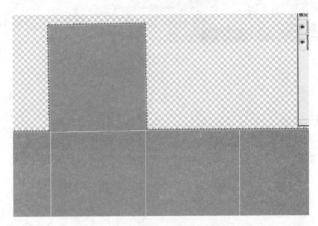

图 6 - 40

把刚才实例中的贴图打开,把右边的贴图拖到现在这张图里,如图 6 - 41 所示放好位置。

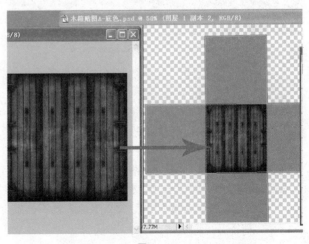

图 6 - 41

同样把有木架的图放在合适位置,如图 6 - 42 所示。

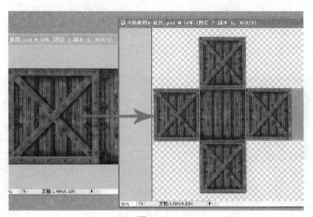

图 6 - 42

最后把顶部的贴图复制到底部位置,如图 6 - 43 所示。

图 6 - 43

新建一图层放在最底层,为其填充深颜色,把线的图层关闭,如图 6 - 44 所示。

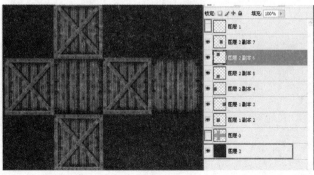

图 6 - 44

将这张贴图保存为"木箱贴图 B. jpg"。选中 Box 物体，在材质编辑器中选中材质球，单击 Diffuser 旁的小方块，选择 Bitmap 后，单击"木箱贴图 B. jpg"，赋予 Box 物体这张木纹纹理贴图，如图 6－45 所示。

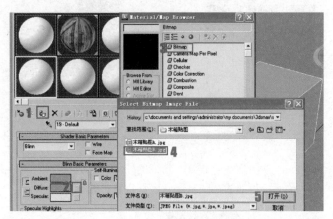

图 6－45

单击显示纹理按钮，最终效果如图 6－46 所示。由于是按照 UV 来制作贴图的，所以最终效果也与贴图是一致的。

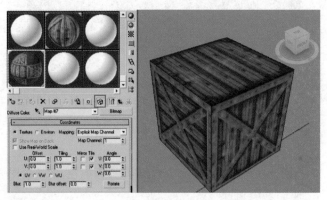

图 6－46

6.2 M4 手枪贴图制作

知识点:烘焙法线贴图,烘焙天光贴图,制作金属贴图,贴图的材质球设置

图 6-47

01 设置物体 ID 号

打开素材文件"m4_low_uv.max",添加 Unwrap UVW 修改命令,如图 6-48 所示。

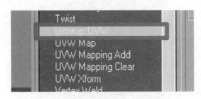

图 6-48

如图 6-49 所示,模型的 UV 已经展开,为了方便编辑,已调整到与 UV 方框一样大小。现在利用 UV 来选择模型相应的面,为模型设置 2 个 ID 号。

知 识 点 提 示

通常我们熟悉的贴图制作过程是先做出颜色贴图,然后利用 Photoshop 插件生成法线贴图或者其他种类的贴图,也可以直接通过通道手绘出法线贴图。另一种方法是通过一个面数较高的模型与一个低面的模型结合,利用烘焙的方法生成所需要的贴图,这样做出来的模型相对前一种方法细节等方面的结构会比较精确,但是耗时较长。

操作提示

展开 UV 主要使用到的是拆分＋合并方法。

枪支大部分的地方是左右对称的,所以展开 UV 时只需要展开一边,把另一半模型删除。展开 UV 后另一边使用 Mirror(镜像)命令对称,然后把2边相同的 UV 分开放置。

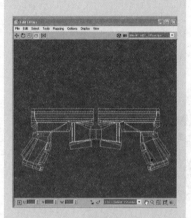

这里用枪身来做例子:根据 Z 轴对称,删除一半的模型。

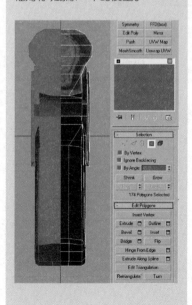

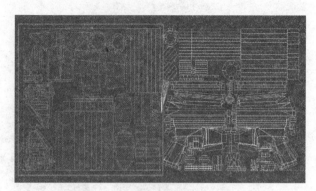

图 6 - 49

选中方框内所有 UV,如图 6 - 49 所示,用鼠标右键单击 Collapse All(塌陷)命令,如图 6 - 50 所示。

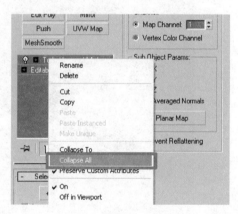

图 6 - 50

单击 Element 按钮,选择体积模式,如图 6 - 51 所示。

图 6 - 51

如图 6 - 52 所示,刚才 UV 中选中的面,其所对应的模型的面也被选中。

图 6 - 52

在 ID 编号中设置为 1,如图 6 - 53 所示。

图 6 - 53

然后按快捷键〈Ctrl〉+〈I〉反选其他面,ID 编号设置为 2,如图 6 - 54 所示。

图 6 - 54

这样模型就被分为 2 个 ID,然后使用多重材质

方法一:自动拆分模型,使用 UV 编辑工具栏中 Mapping→Flatten Mapping(合并)命令组合 UV。

方法二:平面展开 UV。注意,有些面成直角,平面无法完全展开,必须仔细检查重叠部分。

在模型中选择所需要的部分,使用 UV 命令中面编辑菜单,单击 Planar→Align X 按钮,按 X 轴平面展开。

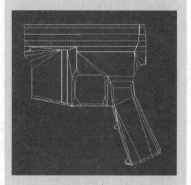

上图中的边缘白色线条说明还有部分面没有完全展开，需要再次选择那些面，使用平面展开方式展开。

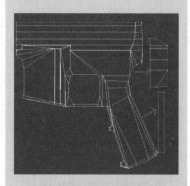

这里不推荐使用方法二，因为枪支都是比较规则的形状，自动展开可以很平均地分配 UV 的精度，而方法二则需要手动调节 UV 大小使精度保持一致。

球，就可以在一个材质球的情况下使用多张不同的贴图。

02　多重材质球

打开材质球编辑器（默认快捷键〈M〉），单击 Standard 按钮，选择 Multi/Sub-Object（多种材质球），如图 6-55 所示。保持默认选项，单击 OK 按钮，如图 6-56 所示。

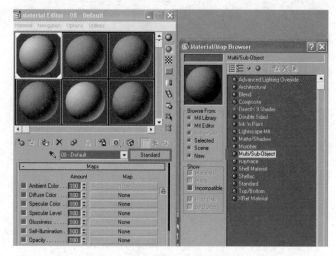

图 6-55

图 6-56

删除多余的 ID 编号，保留 2 个子材质球，对应的 ID 号就是刚才已经分好的 UV，如图 6-57 所示。

可以通过选择 ID 编号，直接选择模型所需要的部分，选择 ID 2，如图 6-58 所示。再次打开 UV 编辑面板，烘焙的贴图需要所有的 UV 都在方框范围内，将刚才在蓝色限制框外的 ID 2 的 UV 完整放入 UV 限制方框内，如图 6-59 所示。

图 6-57　　　　　　　　　图 6-58

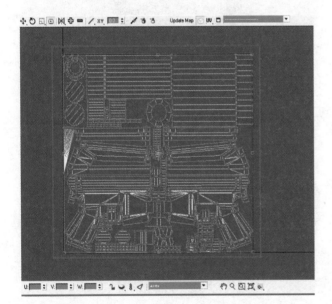

图 6-59

03　按 ID 分离物体

首先拆分模型，也是根据已有的 ID 来拆分。选择 ID 1，单击 Detach 按钮，如图 6-60 所示。将物体命名为 "id01"，如图 6-61 所示。剩下的物体命名为 id02。

使用 ID 编号或者直接选择相应的模型，可以快速地在模型与 UV 之间切换，这样十分便于寻找想要的面，也可以进行实时的检查与更新。注意：每次在 UV 中选择所需的面以后一定要记得塌陷，这样程序才会记录下刚才选择的部分。

烘焙贴图时切忌 UV 重叠，所有 UV 必须全部展开，而且一张 UV 只能对应一个材质球，所以在这里用到了多重材质球，这样可以节约 Max 的资源，也有利于模型的导入和导出，同时方便管理贴图。

知 识 点 提 示

使用多重材质球时可以改变每个子材质球的颜色，在模型上也会相应的显示，比较方便区分不同的区域。

贴图烘焙的几个要点：

（1）UV 必须完全展开，不可以重叠。

（2）高模与低模的大小尽量接近。理想情况是低模比高模稍大一点，能把高模的所有细节都包括进去。

（3）在贴图渲染器中注意 UV 的通道需和展开后的 UV 通道保持一致。

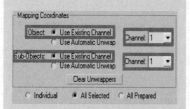

操 作 提 示

在制作高模型，时刻记住它的目的是用来烘培法线贴图的，哪些细节必须建模，烘培成贴图能否适当的表现出来，都是需要考虑的环节。

此场景中枪支是一个完整的物体，但是使用了 2 张 UV，所以如果需要烘培就必须把模型拆开。如果模型仅使用一张 UV，则可以省略此步骤。

调整渲染范围时可以使用图 6-65 中的参数，但有时整体缩放蓝色方框（Cage）会出现偏差，或者遗漏某部分高模，这个时候就可以单独调节蓝色方框的点使低模更完美地贴合高模。

另外，可以复制一个低模，适当调整其形状和大小，比高模稍大一些，尽可能地把高模上的细节全部包括进低模的范围，使用该模型进行烘培，因为 UV 是不变的，所以不必担心调整过的模型。

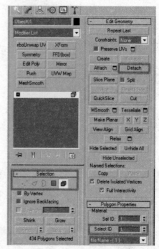

图 6-60

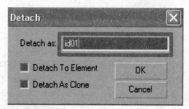

图 6-61

04 导入高面模型

执行 File→Merge 命令，将高模文件"m4_high. max"合并进场景中，如图 6-62 所示。

图 6-62

05 烘焙法线贴图

单击选择工具 ，选择 id01，执行 Rendering→Render to Texture 命令，打开渲染到贴图窗口（快捷键〈0〉），如图 6-63 所示。

图 6 - 63

调整 Padding(细节)参数,选中 Enable 选项,如图 6 - 64 所示。

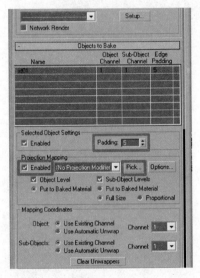

图 6 - 64

单击 Pick 按钮,如图 6 - 64 所示,选择 high(高模),单击 Add 按钮,如图 6 - 65 所示。

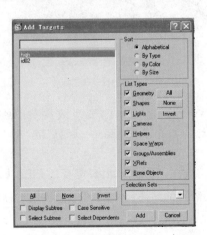

图 6 - 65

知 识 点 提 示

Projection 投射修改器

。。框架:单击可启用"框架"子对象层级来调整。

■ 面:单击可启用"面"子对象层级。

▱ 元素:单击可启用"元素"子对象层级。

Shrink(收缩):通过取消选择最外部的子对象缩小子对象的选择区域。如果不再减少选择大小,则可以取消选择其余的子对象。

Grow(扩大):朝所有可用方向外侧扩展选择区域。

Ignore Backfacing(忽略背面):启用后,选择子对象将只影响朝向用户的那些对象。禁用此选项后,无论可见还是面对的对象,都可以在鼠标光标下选择任一子对象。

Get Stack Selections(取得堆

栈选择)：单击并从修改器聚集子对象选择。该修改器在堆栈上的"投影"修改器下方。

Select SG(选择平滑组)：通过平滑组值进行选择,可以使用微调器设置平滑组的数量,然后单击"选定平滑组"。

Select MatID(选择 MatID)：通过材质 ID 进行选择,可以使用微调器设置 ID 数量,然后单击"选定MatID"。

框架卷展栏参数

Cage(框架)：启用此项后,显示框架。禁用此项后,如果不是在框架子对象层次,会隐藏框架。

Shaded(明暗处理)：启用此项后,用透明的灰色给框架着色。禁用此项后,框架显示为蓝色晶格。在需要确定框架中是否包含高分辨率的源几何体时,着色选项很有用,并且在需要扩展框架来包含更多几何体时,此选项也很有用。

Point to Point(点对点)：启用此项后,附加的线与框架中的顶点

如图 6 - 66 所示,此时低模会出现蓝色的边框线,这些线代表了烘焙的范围。调整修改命令编辑菜单下Cage 卷栏里的数值,如图 6 - 67 所示,使蓝色的边框尽量符合高模的形状和大小,如图 6 - 68 所示。

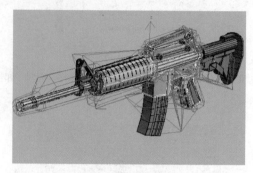

图 6 - 66

图 6 - 67

图 6 - 68

单击 Add 按钮,添加需要生成的贴图类型,选择NormalMap,单击 Add Elements 按钮,如图 6 - 69 所示。

添加后会在任务栏里出现需要的贴图,如图 6 - 70 所示,选择需要的贴图尺寸,单击 ▢▢▢ 按钮选择贴图的保存路径,格式默认为 TGA。

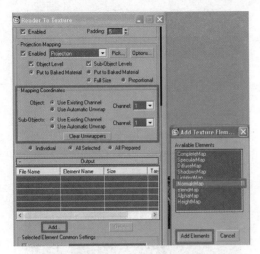

图 6-69

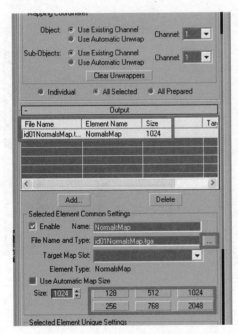

图 6-70

单击 Render 按钮,弹出对话框,选择 Continue 按钮,渲染结束后会出现一张图片,如图 6-71 所示。其中红色的区域表示没有渲染到的部分,说明渲染的范围和高模不一样,可以再次调节 Cage 下的参数,尽量减少红色区域。

找到之前保存贴图的路径,可以看到已经自动生成了一张法线贴图,如图 6-72 所示。

和目标对象上的点连接在一起,显示投影操作的过程。

Amount(数量):改变此项来调整以 3ds Max 为单位的框架大小。正值会增加框架的大小;负值会减小它的大小。

Percent(百分比):改变此项来按百分比调整框架。正值会增加框架的大小;负值会减小它的大小。

Tolerance(公差):以 3ds Max 为单位的框架与目标几何体间的距离。正值在高分辨率源几何体的外部;负值在源几何体的内部。默认值为变化,取决于几何体。

Always Update(始终更新):启用此项后,框架添加于列表时会自动围绕高分辨率几何体扩展。

Update(更新):单击以更新框架。

Import(导入):用于指定网格对象以定义框架形状。单击"导入"按钮之后,选择要导入的对象。导入对象之后,框架与其形状一致。

Export(导出):打开"导出框架"对话框。

Reset(重置):将框架重置为与低分辨率几何体相同尺寸的包装材料。

操 作 提 示

生成贴图时,如果本身硬件条件允许,请选择较大的尺寸进行渲染,比如需要制作 1 024 × 1 024 的贴图,最好生成 2 048 × 2 048 或者更大尺寸的贴图,因为生成的贴图细节相对来说比较粗糙,与模型的精度不匹配,会出现像素和锯齿的情况,所以渲染较大的尺寸,之后再缩小成所需的尺寸,得到的细节效果会更好。

知 识 点 提 示

Cast Shadows(阴影)

表示渲染出阴影例子的大小和细致程度。数值越高，效果越细腻，但是对硬件的要求也更高，通常是最费时间的渲染之一，所以应根据每台电脑不同的配置，调整适当的数值。

操 作 提 示

不同的工具导出 UV 的方法也不同，这里再介绍一下TurboUnwrap 的导出方法：

右边菜单栏 Dump To Bitmap 子菜单里可以选择图片的大小以及背景颜色。

由于枪支属于金属材质，所以贴图发挥的空间比较广泛，可以根据个人喜好，选择自己喜欢的材质与污渍，利用各种叠加效果，做出最好的颜色贴图。因为阴影和凹凸部分都已经完成，不用担心绘制时 UV 位置会出现误差。

渲染的时候需要注意法线的方向是否正确，简单的方法是添加一个 Onim 灯光，渲染图中就可以看见凹凸的效果（把 UV 完全展开

图 6－71

图 6－72

选择 id02，重复以上步骤，就能得到 id02 的法线贴图。

06 烘焙天光贴图

在熟悉烘焙法线贴图的基础上，再学习如何生成天光贴图（Lighting Map）。

在灯光面板中创建一个天光（Skylight），放置于场景内，并如图 6－73 所示调整阴影细节的参数。

步骤和之前制作法线贴图一样选择一个 ID，打开贴图渲染器，在选择渲染类型菜单中双击 Lighting Map，如图 6－74 所示。

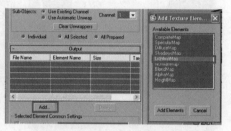

图 6－73　　　　　　　　　　图 6－74

可以避免对称的 UV 法线相反）。如果法线出现反转，可以在法线贴图的红色或者绿色通道中改变黑白的相对位置，这样法线的方向也会随之改变。

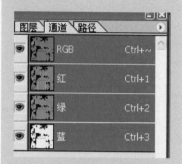

知 识 点 提 示

调节法线贴图的深度

方法一：直接调节 Normal 参数。

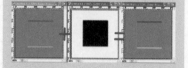

方法二：在 Photoshop 中增加法线贴图通道中的对比度，比如下图所示。

同样调整贴图大小以及保存路径。单击 Render 按钮，弹出对话框，单击 Continue 按钮，得到一张有天光效果的贴图，如图 6－75 所示。与颜色贴图叠加后可以使模型阴影的效果更真实。

图 6－75

如法炮制另一个 ID 的天光贴图。

方法二涉及许多法线贴图的原理以及 Photoshop 插件等，如果使用过程中搞混，则会出现相反的法线，所以推荐使用方法一。

07 制作颜色贴图

打开 UV 工具，选择一个 ID，把 UV 生成贴图，从 3ds Max 里导出，如图 6-76、图 6-77 所示。

 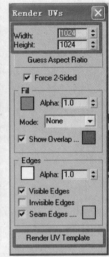

图 6-76   图 6-77

选择保存路径，格式设置为 PNG。打开 Photoshop 软件，打开导出的 PNG 图片，在本书配套素材文件中里面找一张精度较高的金属材质，放在图层中，把刚才烘焙好的 Normal Map 和 Lighting Map 也放入图层中，如图 6-78 所示。

图 6-78

使用叠加的效果，使 Lighting Map 的阴影与金属材质融合，这样不用打灯光也可以看出阴影的效果。根据 Normal Map 的凹凸方向，画上高光与暗部，这样可以使法线与阴影的位置保持一致。

在 Photoshop 中的金属材质图层上,利用"选择工具",选择模型中相应的部分 UV,使用"曲线工具"或者"亮度对比度"工具调整明暗度,如图 6－79 所示。

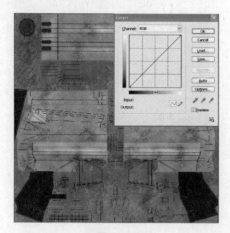

图 6－79

利用一些污渍贴图(最好是带有通道的),删除白色部分,使用叠加或者柔光,放于颜色贴图上,如图 6－80 所示。

图 6－80

在 UV 边缘线上使用"画笔工具",设置颜色为白色,画上部分金属的高光以增加质感,如图 6－81 所示。

图 6－81

也可以通过加深或者减淡工具来手绘金属的高光效果。

最后得到 2 张带有丰富细节的完整的颜色贴图，如图 6 - 82、图 6 - 83 所示。

图 6 - 82

图 6 - 83

08　在材质球中设置各类贴图

接下来是最后一步，把各类贴图都放入同一个材质球中，这样可以表现出更多的效果，如高光、反射、法线等。打开材质球编辑器，选择已经分好的 ID，找到所需要贴图的选项，如图 6 - 84 所示。

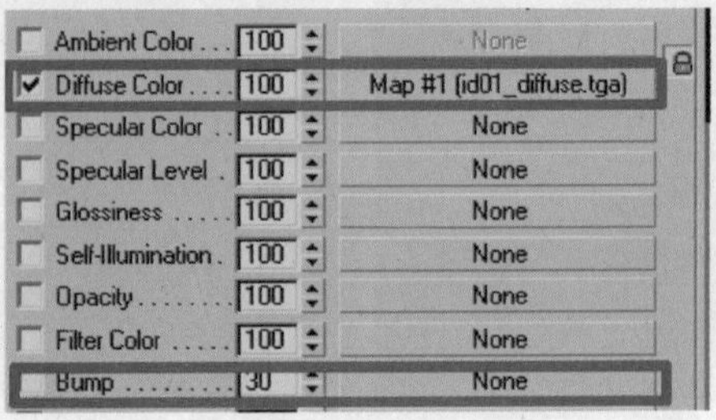

☐ Ambient Color	100	None
☑ Diffuse Color	100	Map #1 (id01_diffuse.tga)
☐ Specular Color	100	None
☐ Specular Level	100	None
☐ Glossiness	100	None
☐ Self-Illumination	100	None
☐ Opacity	100	None
☐ Filter Color	100	None
☐ Bump	30	None

图 6 - 84

在 Diffuse 里选择 Bitmap,找到刚才制作好的颜色贴图。Bump 里可以选择 Bitmap,直接使用法线贴图,也可以选择 Normal Bump 之后再选择 Bitmap,这样可以更进一层地调节法线的深度,如图 6-85 所示。

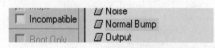

图 6-85

不同类型的贴图所贴的位置也不同。检查一下贴图是否正确,如图 6-86 所示。

图 6-86

不要忘记完成另一个 ID 的贴图。用同样的方法贴上所对应的贴图,单击"显示硬件纹理贴图"按钮,如图 6-87 所示。

图 6-87

最后,按〈F9〉(或〈Shift〉+〈Q〉)键,看一下最终的效果,如图 6-88 所示。如果觉得法线不够明显,可以添加一个灯光到场景中(注意,不可使用 Skylight,渲染出来是无法显示法线的)。

图 6-88

6.3 女孩角色贴图制作

知识点：Unwrap UVW 面板介绍，角色 UV 设置，角色贴图绘制

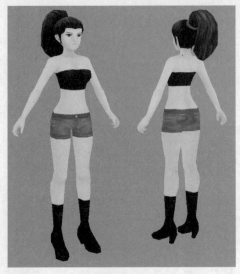

图 6-89

01　分析模型

　　由于角色模型一般是左右对称，为了方便选择和编辑，我们只需要展开一半的 UV，并且把模型主要分为头、身体、手、腿、脚几个部分来分别展开 UV，如图 6-90 所示。最后合并成整体，再把 UV 合理分配在 UV 方框内。

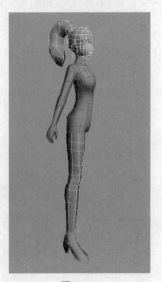

图 6-90

02　初步展开头部 UV

先把头部的 UV 展开,效果如图 6-91 所示。

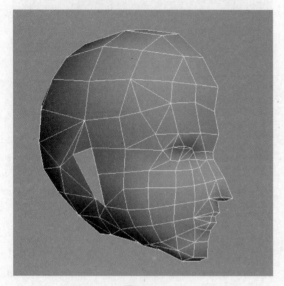

图 6-91

如图 6-92 所示,添加 UV 命令。

图 6-92

选择头部所有的面,然后单击 Planar(平面展开)、Align X、Best Align 按钮,如图 6-93 所示。

移动组:用于选择和移动子对象。弹出按钮选项为"移动"、"水平移动"和"垂直移动"。按〈Shift〉键将移动约束到单个轴。

旋转:用于选择和旋转子对象。

缩放:用于选择和缩放子对象。弹出按钮选项为"缩放"、"水平缩放"和"垂直缩放"。缩放时按〈Shift〉键可将变换约束到单个轴。

自由形式模式:可以根据拖动的位置选择、移动、旋转或缩放顶点。

镜像:镜像选定的顶点并翻转 UV。弹出按钮选项为"垂直镜像"、"水平镜像"、"水平翻转"和"垂直翻转"。"翻转"首先沿其边界中的边分离选择,然后根据模式应用"水平镜像"或"垂直镜像"。

显示贴图:切换编辑器窗口中的贴图显示。

UV/VW/UW:默认情况下,UVW 坐标中的 UV 部分显示在视图窗口中。不过,可切换显示来编辑 UW 或 VW。

纹理下拉列表

包含指定给对象的材质的所有贴图。

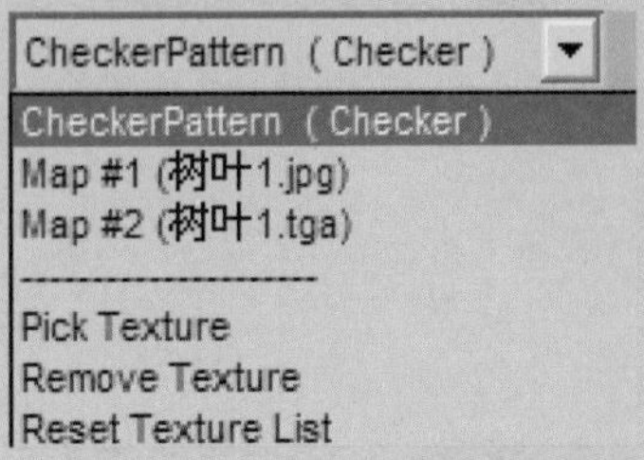

CheckerPattern（Checker） ▼

CheckerPattern（Checker）
Map #1 (树叶1.jpg)
Map #2 (树叶1.tga)

Pick Texture
Remove Texture
Reset Texture List

　　材质编辑器中和"编辑 UVW"对话框（通过"拾取纹理"）中指定的贴图名称出现在列表中。在贴图名称下面有几个命令：

　　Pick Texture（拾取纹理）：允许使用"材质/贴图浏览器"添加和显示对象材质中没有的纹理。

　　Remove Texture（移除纹理）：从编辑器中删除当前显示的纹理。

　　Reset Texture List（重置纹理列表）：将纹理列表返回到应用材质的当前状态，移除任何添加的纹理，并且还原任何移除的属于原始材质的纹理。

底部工具栏

　　⊡ ⥍ 绝对/偏移模式：禁用此选项后，该软件会将输入的 U、V 和 W 字段的值视为绝对值。启用该选项后，该软件应用输入的变换值作为当前值的相对值，即作为偏移。默认设置为禁用状态。

　　U: 0.0 ⇕ V: 0.0 ⇕ W: 0.0 ⇕ U、V 和 W：显示当前选择的 UVW 坐标。可以使用键盘或微调器编辑它们。

　　⥤ 锁定当前选择：锁定选择。可以移动选定子对象而不接触它们。

　　◢ 过滤选定面：在视口中显示对象的选定面的 UVW 顶点，并隐藏其余部分。启用"过滤选定面"后，更改视窗面选择将自动更新编辑器中可见面的显示。

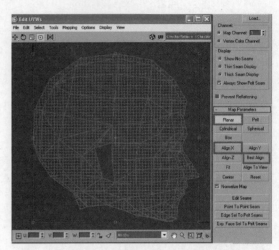

图 6 - 93

03　修改头部 UV

　　在 UV 编辑面板中选择 Tools→Relax Dialog 命令，如图 6 - 94 所示。

图 6 - 94

04　使用棋盘格矫正头部 UV

　　多次单击 Apply 按钮，直到模型完整地展开，如图 6 - 95 所示。

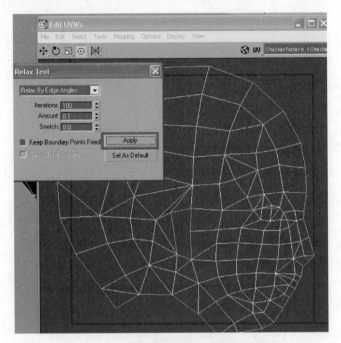

图 6 - 95

需要检查 UV 分得是否合理，可以给模型增加一个棋盘格贴图，这样方便观察 UV 的分部和每个部分之间的精度对比，如图 6 - 96 所示。调节重复的参数，如图 6 - 97 所示。将参数给予模型并显示贴图，如图 6 - 98 所示。

图 6 - 96

All IDs（下拉）：过滤对象的材质 ID。显示与 ID 下拉菜单匹配的纹理面。

平移：单击按钮，然后在窗口中拖动可更改可视部分。

缩放：单击按钮，然后单击并拖动可缩放窗口。

缩放区域：单击按钮，然后单击窗口的区域选择部分可将区域放大。

最大化显示：放大或缩小以拟合窗口中的纹理坐标。从上到下的弹出按钮允许将所有纹理坐标缩放到当前选择，并且可以缩放到所有包含任何选定子对象的簇/元素。

栅格捕捉：启用此选项后，移动子对象有助于将最接近鼠标光标的顶点（由方形轮廓高亮显示）捕捉到最近的栅格线或相交。

像素捕捉：当背景中有位图时会捕捉到最近的像素角。

：顶点。

：边。

：面。

Rot. +90 旋转 + 90：绕其中心旋转选择 90°。

Rot. -90 旋转 - 90：绕其中心旋转选择 - 90°。

使用平面展开 UV 时，Best Align 这个工具是比较实用的，它可以根据所选择部分的自身坐标来展开，达到最佳的效果，而不会只固定在 X、Y、Z 三个轴向上。

操 作 提 示

使用 Relax 工具时需要注意，

单击 Apply 的次数越多，UV 就会展开得越圆滑。但不能过度，否则会破坏 UV 对应模型本身的结构，绘制贴图时反而会比较麻烦。

一般棋盘格贴图显示、校对 UV 时，棋盘格分布规则均匀，而且每个格子接近正方形，则说明 UV 越接近最佳状态。

把嘴巴到耳根处的 UV 线断开，这样能减少 UV 的拉伸，一般比较大的转折都可以这样制作。

展开身体 UV 时，尽量使对称或者连接的一边 UV 线保持垂直，这样方便对齐 UV 和绘制贴图。

一些比较直的 UV 是不可以用 Relax 的，必须通过手动调节。3ds Max 自带 UV 工具没有点对齐的工具，这里可以使用 UV 插件，如 TurboUnwrap UVW。

有些必要的地方 UV 需要连接，比如身体的正面和背面，这样方便画出衣服穿在身上的褶皱，注意调节 UV 点的位置，使合并后的 UV 精度保持一致。

使用 UVW Map 命令结束后一定要使用塌陷命令，或者与 UV 命令同时使用。注意命令的层级关系。

尽量把绿线放置到手臂内侧，这样不容易发现贴图的接缝。

这里使用的方法是局部展开，就是选择部分的面。和之前的区别是 UV 命令只作用于选择的部分，其他部分的 UV 是不受影响的。可以看到图 6 - 96 中命令右边显示面的操作。

展开手部 UV 也可以使用 Flatting 工具，这里手指转折比较大，推荐使用平面展开工具。

手臂和手的 UV 虽然是分别展开，但是最后还是要放在一起检查 UV 的精度是否一致。

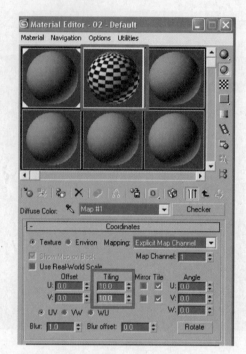

图 6 - 97

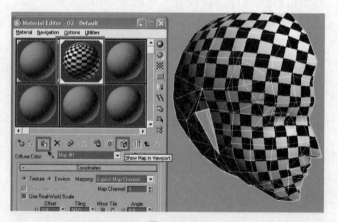

图 6 - 98

有些 UV 没有很好地展开或者出现拉伸，可以在 UV 中做适当的切割，使 UV 更好地展开。可以把嘴巴部分和耳根部分切割开，使 UV 分布得更规则一些。选择相应的线，在右键菜单中选择 Break 命令，如图 6 - 99 所示。

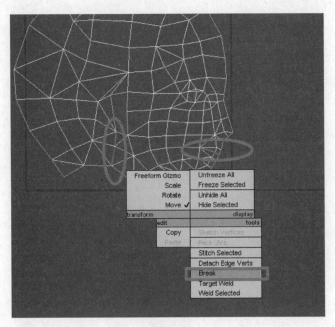

图 6 - 99

再次使用刚才的 Relax 工具，多次单击 Apply 按钮，使 UV 完全展开，图 6 - 100 所示。

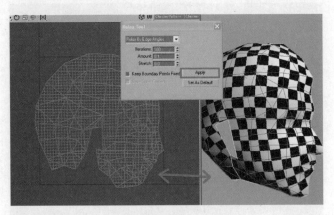

图 6 - 100

然后继续展开身体部分的 UV。身体可以分为正面和背面 2 个部分，只要把中间的线合并，就可以避免贴图出现接缝的情况。首先选中正面的面，与头部一样添加 UV 命令，并使用 Y 轴平面展开，如图 6 - 101 所示。

UVW Mapping 使用时会出现绿色 UV 分隔线位置偏差或者模型转折较大，使 UV 没有对称展开，或者拉伸，这也是 3ds Max 中 UV 的一个局限性。需要手动拆分重新组合 UV，并且恢复 UV 本身的形状。

知 识 点 提 示

分 UV 的几个要点：

（1）当几块面在物体上是相接的，且又是处于同一轴向的，此时可以同时选种这样的几块面进行投射。

（2）在 UV 的点模式下，选中其中一个点，有时可以看到在另一块面上有一个点会出现一个蓝框，说明这 2 个点在物体上是相接的，根据制作的需要可以用 ▦ 吸附工具，把 2 个点移动到一起，然后框选这 2 个点，用 Weld Selected 合并工具把 2 个点合并。

知 识 点 提 示

透明贴图通常用于表现那些外形结构很复杂但体积却很小或者很薄的那些物体，比如实例中的桌布边缘就是因为厚度的缘故，而桌布上绒线末端的绒球就是一个结构丰富但体积很小的物体。

操 作 提 示

在实例中，为了方便编辑，这 2 排 UV 点的位置已调整到完全对应。平时制作中，一定要逐个检查点的位置是否完全对应，这样才可以用框选的形式来吸附。

知识点提示

UV 点合并的取值范围，就是选中的需要合并的 UV 点之间距离的数值。比如，如果选中的 2 个 UV 点之间离开很远，那么取值范围就要相应地变大，只有取值范围大于或等于 UV 点之间的距离时，才能被合并。

操作提示

需要导出的 UV 一定要放在黑框之内，黑框之外的 UV 是渲染不出分布图的。

拖移 PNG 格式上的 UV 线框到新建文件上时，会出现一个对话框，提示因为 2 张图片的颜色深度不同，可能导致质量变差，单击"继续"按钮即可，因为这只是线框参考层，不影响最后效果。

此时添加镜像命令的意义和之前不同：之前是为了检查整体的模型，现在 UV 已经全部展开，镜像之后 UV 也会随之复制，而只需要绘制一半的贴图，另一半也会同时显示。这个方法可以节省贴图，但是有个缺点：不能做出两边不对称的效果。比如模型左右是不同的，就不可以用此方法，而需要把另一边镜像的 UV 再区分出来。

刚才我们把模型拆分为几个部分，合并之后会发现 UV 都重叠在一起，不方便区分和选择，可以选中编辑面板最下方的 Select Element 选项，整体选择，这样只要选中一个面，与其相连的所有 UV 都会被选中，很容易把重叠的部分区分开来。

如果还是看不清 UV 的分布，可以单独选择之前的各个部分，先把相应的 UV 移动到稍远一点的

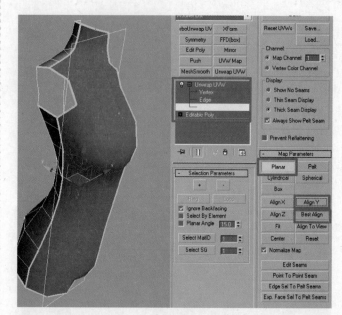

图 6－101

使用 Relax 工具使 UV 展平，精度保持一致，如图 6－102 所示。

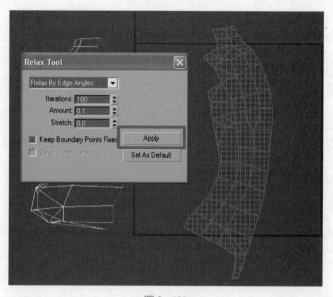

图 6－102

使用相同的方法展开背后的 UV，如图 6－103 所示。

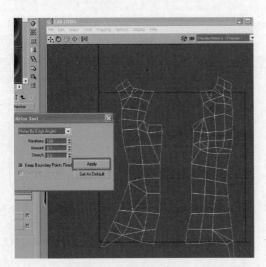

图 6-103

也给身体部分添加棋盘格贴图（合并以后可以与其他部分校对 UV 精度），如图 6-104 所示。

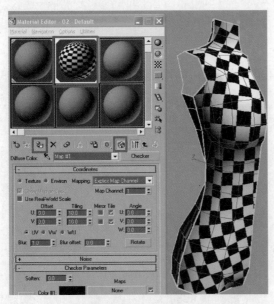

图 6-104

接下去这步比较关键。注意把正面和背面连接的线尽量拉直、对齐，然后在 UV 中使用合并线的命令，将身体部分展成整体，如图 6-105 所示。调节 UV 点的位置，使棋盘格的分布看起来合理，如图 6-106 所示。

地方，最后再组合在一起。注意：尽量使 UV 填满整个方框，不要浪费过多的空间。一般脸部的 UV 面积可以稍大一些，因为细节比较多。

UV 的展开方式也可以根据需要的衣服类型来展开，比如要做长袖的衣服，就可以把手臂的 UV 与身体的 UV 连接起来，方便整体绘制。

绘制贴图主要是看个人的美术基本功，这里不使用材质的叠加。有些高精度的模型，贴图尺寸也够大的时候，会使用人体皮肤的纹理来进行叠加，我们先从简单的开始。

在制作颜色贴图的时候，最好不要把贴图背景底色填为白色或有留白的像素，应该填充所制作贴图的大体色或者灰色。

制作颜色贴图时，应该从面积最大、最主要的部分着手，这样可以方便在制作过程中复制需要的部分，提高制作的效率。

在拖移一整张材质到另一张贴图上的时候，首先要把材质贴图的大小调整到与所绘制的贴图大小一致。然后，在拖移的同时可以按住〈Shift〉键来使拖移后的位置与原先相同。

注意分层，同样类别的部分都规划在同一同层，比如这里就分为衣服、头发、皮肤三大部分，眼睛、耳朵、嘴巴则分别用另外的图层来表示。

材质球不仅可以贴格式为 TGA、JPG 的图片，也可以直接使用 PSD 文件。为了方便实时查看绘制的效果，方便保存，可以先使用 PSD 文件，在 Photoshop 中每修改一步就可以在 3ds Max 中看到即时效果。

为了方便颜色的区分，一般都是在灰色图层中进行绘制，这样不用经常吸取原本的颜色及其相应的暗部和亮部的颜色。只要打开或者关闭颜色图层就能看到明暗的效果。

通常这种卡通风格的贴图都使用无光模式查看，因为 3ds Max 本身的场景灯光不理想，而且影响手绘阴影的效果。也就是说，类似的贴图，阴影也是靠手绘，而不是靠灯光。

这里也用到了之前学过的烘焙方法，不过由于模型面数比较低，而且这里没有制作高精度模型，只是为了得到一些大面积的阴影效果，所以此步骤意义不大，只是在这里演示一下叠加的方式。

把背景颜色填充为与贴图色调相符合的颜色的好处在于，万一在以后 UV 编辑不精确，导致在模型透明区域上出现不该有的边框，但由于背景颜色的调整，就不容易被发现。

知 识 点 提 示

TGA 格式中只有 32 位/像素才能保存 Alpha 通道。

操 作 提 示

当编辑的 UV 关系到透明通道的时候，切记千万不要把 UV 边框对应到与贴图位置完全一致的地方，一定要往没有透明信息的贴图区域内拉回 1~2 个像素。这样是为了防止透明通道在物体显示上有破绽，前面制作贴图透明通道时，把不需要透明但又没有材质的地方也填成白色，也是为了防止出现破绽。

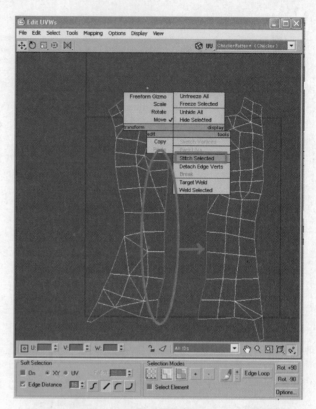

图 6 - 105

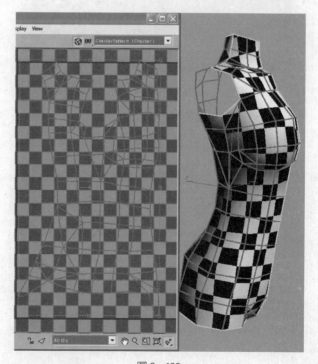

图 6 - 106

身体部分的 UV 展开完成了，下面展开手臂与手的部分。手臂类似于圆柱体，而且接缝会比较明显，展开 UV 的方法与前面稍有不同。先选择手臂的面，然后添加一个 UVW Map 命令，选择 Cylindrical（圆柱体），轴向使用 Z 轴，单击 Fit 按钮，如图 6-107 所示。

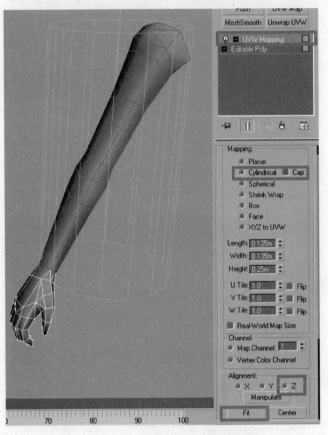

图 6-107

打开 UVW 命令中的子菜单，如图 6-108 所示，线会变成金色，而且出现一条绿色的边，这就是 UV 的接缝处。使用旋转和移动命令，使边框尽可能地接近手臂的形状，一边调节，一边单击 Fit 按钮，然后塌陷 UVW 命令，如图 6-109 所示。

选择刚才的面，添加 UV 命令，打开编辑面板，如图 6-110 所示。

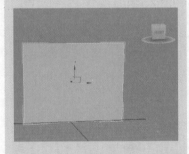

新建出来的 Alpha 1 全部为黑色。在透明通道中，黑色为全透明，白色为全显示，灰色则为半透明，灰色的明暗度就是控制半透明的强度。

回到图层标签，在选中 Alpha 1 通道的前提下，将树叶用白色填充，其他部分用黑色填充，这样树叶将来会保留，其他部分将不显示。

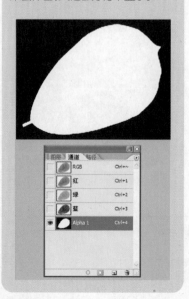

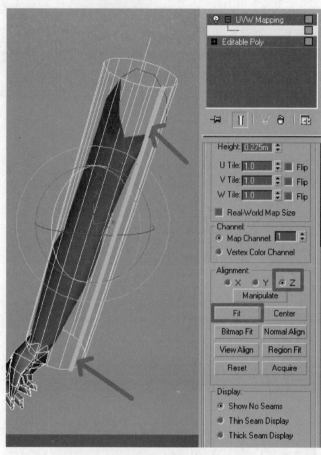

图 6 - 108

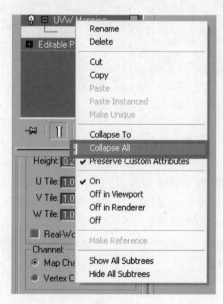

图 6 - 109

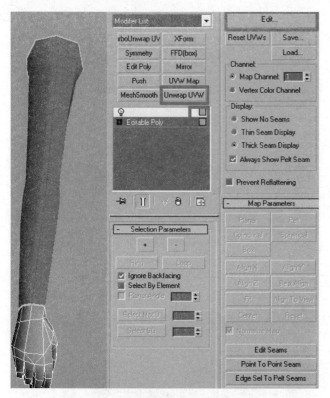

图 6 - 110

可以看到 UV 已经按照刚才的圆柱体展成了平面,不过有些点没有合并,需要手动合并,如图 6 - 111 所示。再次使用 Relax 命令,把 UV 调整到最佳,如图 6 - 112 所示。

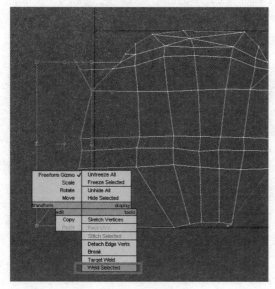

图 6 - 111

回到 RGB 通道。

保存贴图为 TGA 格式,选择 32 位/像素,单击"确定"按钮。

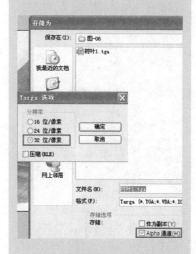

单击 Opacity(透明)项后面的 None 按钮,给 Opacity 通道也贴上前面保存的贴图。

	Amount	Map
Ambient Color . .	100	None
☑ Diffuse Color . .	100	Map #1 (树叶1.jpg)
Specular Color . .	100	None
Specular Level .	100	None
Glossiness	100	None
Self-Illumination .	100	None
☑ Opacity	100	Map #2 (树叶1.tga)

在 Opacity 通道属性中的 Bitmap Parameters 项里，选择输出通道为 Alpha，这样物体就有透明显示了。

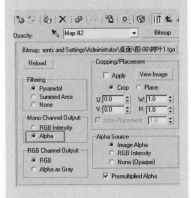

关闭材质球窗口，回到 UV 编辑中，调整没有对应到相应位置的 UV。

Unwrap UVW 中，编辑 UV 的几个重要对话框

1. Flatten Mapping（展平贴图）对话框

Face Angle Threshold（面角度阈值）：该角度用于确定要进行贴图的簇。当"展平贴图"聚集要进行贴图的面时，使用此参数来确定放在簇中的面。这是在簇中面之间的最大角度。该数值越大，簇也越大。纹理面比例源于几何体对等面，因此将引入更大的扭曲。

Spacing（间距）：用于控制簇之间的间距。该数值越高，簇之间的缝隙看起来越大。

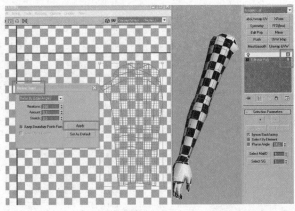

图 6 - 112

手部的展开和身体类似，也分为正面和背面。选择相应的面，使用平面工具展开，如图 6 - 113、图 6 - 114 所示。然后调整手和手臂之间的比例，如图 6 - 115 所示。

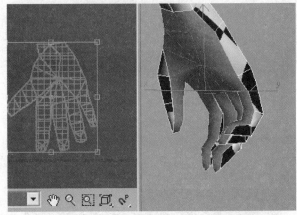

图 6 - 113

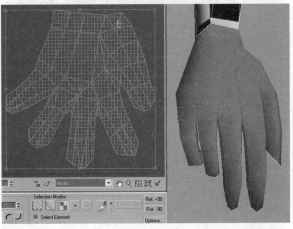

图 6 - 114

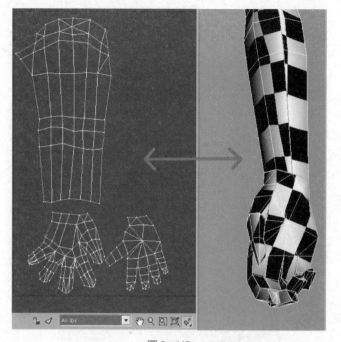

图 6 - 115

最后剩下腿和脚。腿的分法和手臂一样，还是利用 UVW Map 命令，使用圆柱体展开，如图 6 - 116 所示。

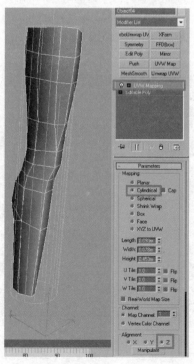

图 6 - 116

Normalize Clusters（规格化簇）：控制最终布局是否将缩小为 1.0 个单位，以在标准编辑器贴图区域内大小适合。如果禁用该选项，则簇的最终大小将在对象空间中，并且比在编辑器贴图区域中更大。

Rotate Clusters（旋转簇）：用于控制是否旋转簇，以使其边界框的尺寸最小。例如，旋转 45°的矩形边界框比旋转 90°的矩形边界框占据更多的区域。

Fill Holes（填充孔洞）：启用此选项后，较小的簇将放置较大簇的空的空间中，以充分利用可用的贴图空间。

By Material IDs（按材质 ID）：启用此选项之后，确保平缓之后簇不包含多个材质 ID。

2. Stitch Tool(缝合工具)对话框

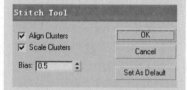

Align Clusters（对齐簇）：将目标簇移到目标簇，如果需要的话将目标簇旋转到适当的位置。禁用该选项后，目标簇会保留在它的原始位置和方向上。默认设置为启用。

Scale Clusters（缩放簇）：调整目标簇的大小，以与源簇的大小相当。只有在"对齐簇"处于启用状态时才会生效。默认设置为启用。

Bias（偏移）：禁用"缩放簇"后，"偏移"可以设置附加的子对象从它们的原始位置进行移动的范围。当偏移为 0 时，子对象保留在它们源簇中的原始位置上。当偏移为 1 时,子对象保留在它们目标簇中的原始位置上。当偏移为中间值时,子对象的位置为源簇和目标簇的平均位置。

3. Relax Tool(松弛工具)对话框

```
Relax Tool
Relax By Edge Angles   ▼
   Iterations: 100   ▲▼
    Amount: 0.1     ▲▼     Start Relax
    Stretch: 0.0     ▲▼
□ Keep Boundary Points Fixed    Apply
□ Save Outer Corners        Set As Default
```

用于松弛纹理顶点的方法。从下拉列表中进行选择:

Relax By Face Angles(按面角度松弛):基于面的形状松弛顶点。其尝试将面的几何形状与 UV 面对齐。该算法主要用于去除扭曲,而并不是去除重叠,最适用于更简单的形状。

Relax By Edge Angles(按边角度松弛):该默认方法类似于"按面角度松弛",不同之处在于它使用附加到顶点的边作为要匹配的形状。其效果通常优于"按面角度松弛",但是要获得结果花费的时间要更长。该方法最适用于较复杂的形状。

Relax By Centers(由中心松弛):老版本 3ds Max 最初的松弛方法。它基于面的顶点(质量中心)来松弛顶点。该方法并不考虑面或边形状/角度,因此它主要用于去除重叠或通常为矩形的面。

Iterations(迭代次数):单击"应用"时应用"松弛"设置的次数。每个迭代将继续应用到上个迭代的结果中。

Amount(数量):每个迭代应用松弛的强度。范围为 0.0~1.0;默认值为 0.1。

同样,调整边框的大小和方向,注意绿色 UV 分界线的位置,放在大腿内侧,如图 6-117 所示。

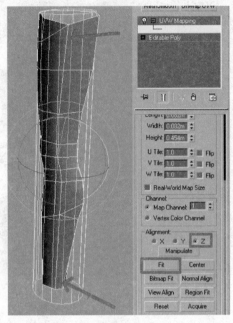

图 6-117

如果有的面被分到另一边的边缘,则需要手动调节,把 UV 尽量组合成一个整体,并且合并相关的点,这样方便绘制贴图,如图 6-118、图 6-119、图 6-120 所示。

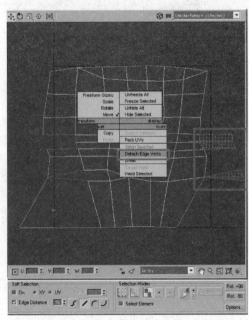

图 6-118

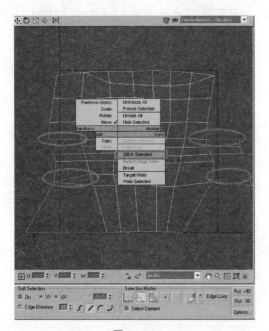

图 6 - 119

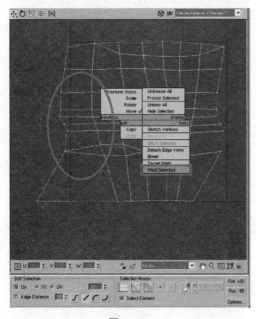

图 6 - 120

使用 Relax 工具,使 UV 看起来更自然一些,如图 6 - 121 所示。

Stretch(拉伸):可以进行拉伸的量。拉伸主要用于解决重叠纹理顶点问题,但是会使纹理网格重新出现扭曲。

Keep Boundary Points Fixed (固定边界点):控制纹理坐标外边上的顶点是否移动。

Keep Boundary Points Fixed (保留外部角):将纹理顶点的原始位置保持为距离中心最远。只可用于"按中心松弛"方法。

Start Relax(开始松弛):在连续的基础上启动松弛进程,忽略"迭代次数"设置。在此期间,可以更改对话框的其他设置,并实时查看结果。

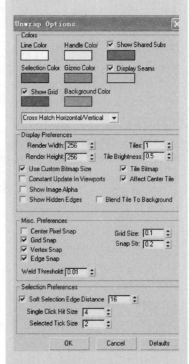

Show Grid(显示栅格):启用此项后,栅格线条为可见。默认设置为启用深蓝色。还可以设置栅格尺寸。

Background Color(背景色):指定纹理贴图不显示的背景颜色。默认设置为暗灰色。

Render Width(渲染宽度):指定在视窗中显示的图像宽度分辨率。此项不改变图像大小,仅改变分辨率。

Render Height(渲染高度):指定高度分辨率。

Tiles(平铺):纹理图像所重复的次数,在 8 个方向上向外(4 个角和 4 个侧面)。如果平铺值为1,结果是一个 33 的晶格。如果平铺值为 2,结果是一个 5×5 晶格,依此类推。

Tile Brightness(平铺亮度):设置平铺位图的亮度。值为 1.0 时,亮度等于原始图像的值;值为 0.5 时,亮度为一半;值为 0 时,为黑色。

Tile Bitmap(平铺位图):启用该选项后,可重复编辑器中的位图显示材质中设置的平铺。

Affect Center Tile(影响中心平铺):启用此项后,亮度设置均等的影响所有平铺。

Show Image Alpha(显示图像Alpha):在编辑器中显示背景图像的 Alpha 通道(如果它存在的话)。

Show Hidden Edges(显示隐藏边):切换面边的显示。禁用该选项后,仅显示面。禁用该选项后,显示所有的网格几何体。

Center Pixel Snap(中心像素捕捉):启用此项后,捕捉背景图像的中心像素而不是边缘像素。

Grid Snap(栅格捕捉):启用后将捕捉栅格边和相交处。

Vertex Snap(顶点捕捉):启用后,将捕捉到纹理坐标顶点。

Edge Snap(边捕捉):启用后,将捕捉到纹理坐标边。

Weld Threshold(焊接阈值):设置半径,在该半径范围内使用"焊接选定项"的焊接生效。

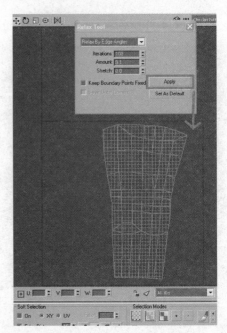

图 6 - 121

脚的部分比较不规则,如图 6 - 122 所示。这里使用拆分的方法来展开,之后再合并 UV。执行 Mapping→ Flatter Mapping 命令,如图 6 - 123 所示。

图 6 - 122

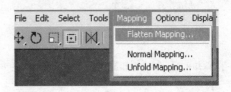

图 6 - 123

如图 6‑124 所示，UV 会被自动展开。

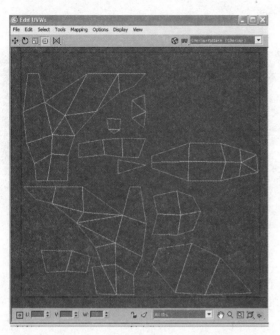

图 6‑124

使用 UV 线合并命令，将 UV 组合起来，如图 6‑125 所示。

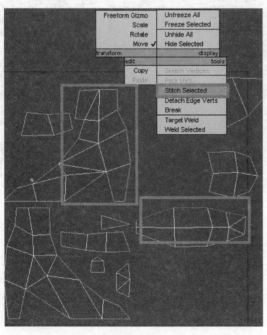

图 6‑125

Grid Size（栅格大小）：设置水平和垂直栅格线条的位置。

Snap Str（捕捉强度）设置栅格捕捉的强度。

操 作 提 示

绘制头发时有些简单的技巧，可以先用笔刷画出暗部、灰度、亮部，然后使用涂抹工具 ，慢慢地画出发丝的质感。注意，亮部和高光有所不同，柔光效果很难画出很亮的高光效果，所以需要在颜色贴图中直接使用减淡工具 ，画出高光部分。

不要忘记头绳、褶皱的绘制方法和头发纹理绘制方法一样，注意高光位置的统一。

注意，指甲不必画在灰色图层中，可以与眼睛、嘴巴等无叠加效果的图层放在一起。

如果绘制贴图时总是把握不住明暗或者细节的位置，或者总是修不掉贴图的接缝，不必在Photoshop 中反复绘制，可以直接在 3ds Max 中调节 UV 点的位置，也能达到移动贴图位置的效果。不过不可调节过多，这样会出现严重的拉伸。

这里介绍的是直接在模型上画衣服的贴图，根据 UV 的面积可以自己想象一些衣服的风格。例如 UV 之间的接缝可能太大，不利于修贴图的接缝，可以避开 UV 断开处，把衣服、裤子等尽量绘制在同一块 UV 中。

知 识 点 提 示

Unwrap UVW（展开 UVW）快捷键
断开选定顶点：⟨Ctrl⟩＋⟨B⟩。

分离边顶点：〈Ctrl〉+〈D〉、〈D〉。

编辑 UVW：〈Ctrl〉+〈E〉。

过滤选定面：〈Alt〉+〈F〉。

冻结选定对象：〈Ctrl〉+〈F〉。

从堆栈获取面选择：〈Alt〉+〈Shift〉+〈Ctrl〉+〈F〉。

从面获取选择：〈Alt〉+〈Shift〉+〈Ctrl〉+〈P〉。

隐藏选定对象：〈Ctrl〉+〈H〉。

加载 UVW：〈Alt〉+〈Shift〉+〈Ctrl〉+〈L〉。

锁定选定顶点：空格键。

水平镜像：〈Alt〉+〈Shift〉+〈Ctrl〉+〈N〉。

垂直镜像：〈Alt〉+〈Shift〉+〈Ctrl〉+〈M〉。

水平移动：〈Alt〉+〈Shift〉+〈Ctrl〉+〈J〉。

垂直移动：〈Alt〉+〈Shift〉+〈Ctrl〉+〈K〉。

平移：〈Ctrl〉+〈P〉。

平面贴图面/面片：〈Enter〉。

在视口中显示接缝：〈Alt〉+〈E〉。

捕捉：〈Ctrl〉+〈S〉。

纹理顶点移动模式：〈Q〉。

纹理顶点旋转模式：〈Ctrl〉+〈R〉。

选定的纹理顶点焊接：〈Ctrl〉+〈W〉。

纹理顶点目标焊接：〈Ctrl〉+〈T〉。

展开选项：〈Ctrl〉+〈O〉。

更新贴图：〈Ctrl〉+〈U〉。

缩放：〈Z〉。

最大化显示：〈X〉。

最大化显示选定对象：〈Alt〉+〈Ctrl〉+〈Z〉。

缩放区域：〈Ctrl〉+〈X〉。

缩放到 Gizmo：〈Shift〉+空格键。

通过合并和整理，把 UV 展开为如图 6－126 所示的状态。

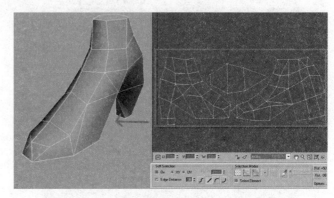

图 6－126

头发和耳朵也可以通过上面的方法展开。这里不再详细讲解，效果如图 6－127 所示。至此 UV 已经全部展开。

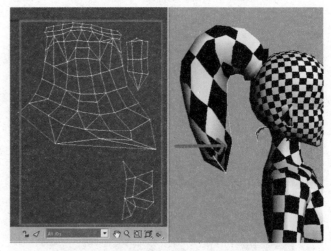

图 6－127

接下来把每个物体都合并起来，使用 Attach 命令，如图 6－128 所示。

添加 Mirror 命令，沿 X 轴对称，选中 Copy 选项，然后使用塌陷镜像命令，如图 6－129 所示。

如图 6－130 所示，合并对称后的点。

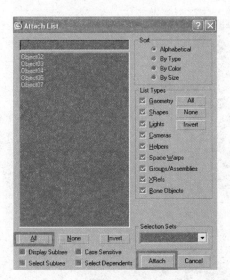

图 6 – 128

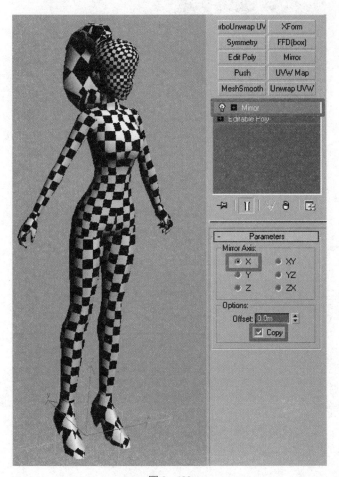

图 6 – 129

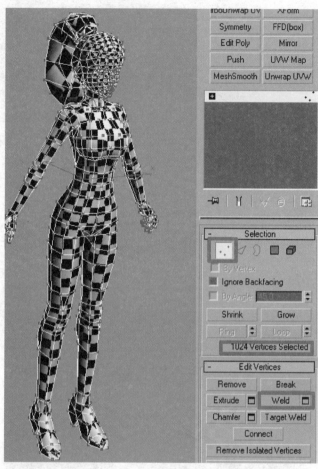

图 6 - 130

添加 UV 命令，在编辑面板中合理分配 UV 空间。目前大部分 UV 都是重叠的，如图 6 - 131 所示。

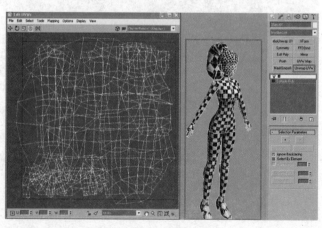

图 6 - 131

如图 6 - 132 所示，通过类似拼七巧板的方式，采用拖拉、旋转、缩放的方式使 UV 有合理的大小和位置。

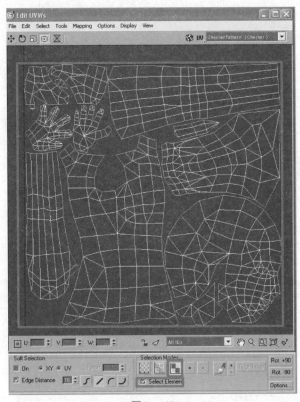

图 6 - 132

至此整个角色的 UV 已经全部展开。按照 6.1 节的 UV 导出方法导出 UV 贴图，保存为 PNG 格式，如图 6 - 133 所示。

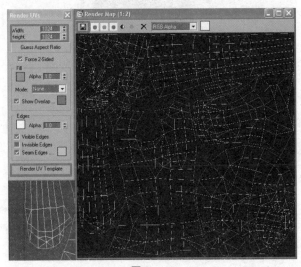

图 6 - 133

05　绘制贴图

　　新建图层,填充皮肤的颜色作为底色,如图6-134所示。

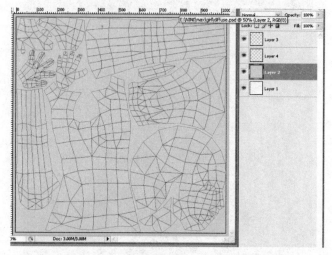

图6-134

　　再新建图层,填充衣服、头发、鞋子等底色,如图6-135所示。

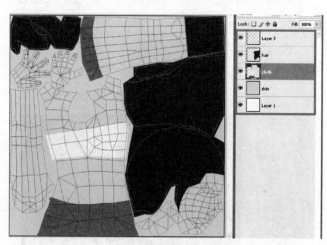

图6-135

　　先将文件另存为 TGA 格式。在 3ds Max 中赋予模型一个新的材质球,并贴上该贴图,打开显示贴图,如图6-136所示。

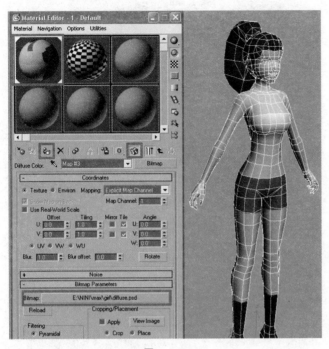

图 6 - 136

皮肤颜色图层下面新建一个灰色图层,在灰色图层上再新建一图层,把图层混合模式改为柔光模式,在此图层中可以画上高光和暗部,但不会影响到皮肤的颜色,只会叠加成阴影效果,如图 6 - 137 所示。

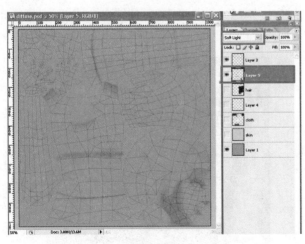

图 6 - 137

再按 UV 的分布画出眼睛,如图 6 - 138 所示。

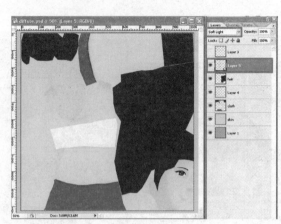

图 6 - 138

　　为了方便察看贴图效果以及阴影是否正确,在 3ds Max 视图中选择无光显示模式,用鼠标右键单击视图左上角,在 Other 下选中 Flat 选项,如图 6 - 139 所示。

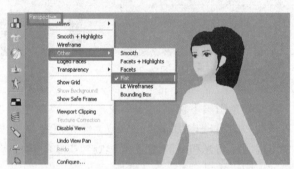

图 6 - 139

　　之前已经学习过烘焙,这里可以烘焙一张天光贴图来叠加阴影效果,如图 6 - 140 所示。具体操作步骤参照 6.2 节。

图 6 - 140

同样使用柔光效果叠加效果,如图6-141所示。

图6-141

　　保存贴图,切换到3ds Max中,可以看到在无光模式下显示出阴影的效果,如图6-143所示。

图6-142

　　然后先画头发,如图6-143所示。在头发的图层上新建一个柔光图层,调整透明度,然后使用黑白的画笔,画出素描般的头发质感。

　　打开头发颜色图层,在3ds Max显示中可以看到头发的效果,如图6-144所示。不要忘记画出头发的高光。

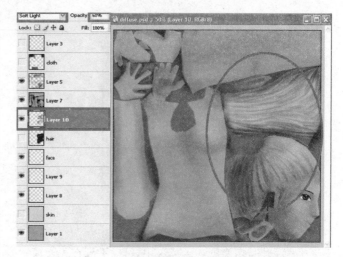

图 6－143

图 6－144

根据 UV 的范围画出头绳的颜色和褶皱，如图 6－145 所示。

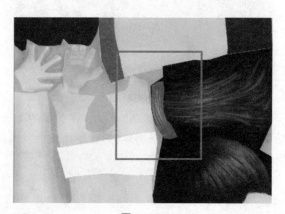

图 6－145

制作靴子、衣服和裤子的原理都类似，主要是在黑白的图层里画出明暗效果。先画靴子，画靴子时候要注意皮质的高光，先在黑白的图层里画出素描的明暗关系，如图 6－146 所示。

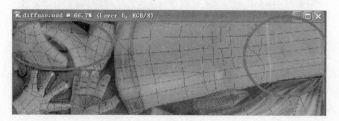

图 6－146

注意 UV 的接缝，尽量把颜色画得一样。衣服款式比较紧身，所以可以少画一些褶皱。注意胸部的明暗关系和高光位置，如图 6－147 所示。

图 6－147

最后画裤子。裤子比较复杂，由于 UV 的关系，如果想画成图中的款式，则会出现接缝，需要仔细绘制，去除接缝，也可自由发挥。注意裤子穿在人物身上产生的褶皱，根据人体结构画出褶皱部分。同样，在黑白图层中使用黑色和白色的画笔来绘制明暗，也可以画出口袋的位置，如图 6－148 所示。

如图 6－149 所示，绘制身体与腿连接的地方。如图 6－150 所示，绘制手指关节弯曲处以及指甲。

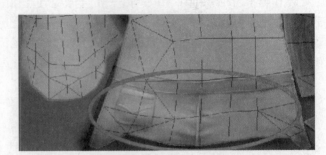

图 6 - 148

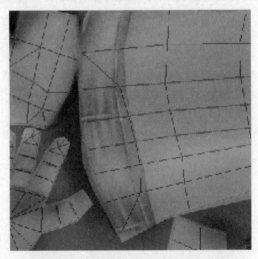

图 6 - 149

图 6 - 150

　　然后把所有颜色图层打开,结合刚才画的明暗效果,柔光图层会叠在颜色图层下,这样就完成了带有颜色明暗的贴图,如图 6 - 151 所示。

图 6 - 151

在 3ds Max 中最终效果如图 6 - 152 所示。

图 6 - 152

3ds Max

动漫三维项目制作教程

本章小结

    在本章中,全面学习了在 3ds Max 中的贴图知识,通过简单的箱子贴图实例介绍了 2 种贴图修改器的具体用法,也让读者了解 Unwrap UVW 贴图展开修改器设置 UV 的全过程。通过步枪贴图实例讲解了法线贴图和天光贴图的烘焙制作方法,让读者能够了解关于当前次时代贴图制作的相关知识和技巧。通过一个角色贴图实例的绘制过程,详细讲解了角色贴图 UV 设置、角色贴图绘制的全过程。

课后练习

① UVW Map 修改器的贴图组类型有(　　)。

    A. 5 种　　　　　　　B. 6 种　　　　　　　C. 7 种　　　　　　　D. 8 种

② 打开 Render to Texture 渲染到贴图窗口的快捷键是(　　)。

    A. 数字键〈0〉　　　B.〈Alt〉+〈R〉　　　C.〈Alt〉+〈P〉　　　D. R 键

③ 以下关于贴图的知识正确的是(　　)。

    A. 校对 UV 时,棋盘格规则均匀分布,而且每个格子接近正方形,说明 UV 越是接近最佳状态

    B. 使用 Relax 工具时需要注意,单击 Apply 次数越多,UV 就会展开得越圆滑,不过不可以过度,否则会破坏 UV 对应模型本身的结构,绘制贴图时反而会比较麻烦

    C. 3ds Max 材质球可以使用 TGA、JPG 等格式的图片,但不可以直接使用 PSD 格式图片

    D. TGA 格式中只有 32 位/像素才能保存 Alpha 通道

④ 参照参考图片 6 - 153,制作模型并绘制贴图。要求:①模型面数为 1 000 三角面;②只能使用一张颜色贴图,尺寸为 512 像素×512 像素,着重表现细节;③对应 UV 到合理位置,达到最终效果;④制作时间 2 天。

图 6 - 153

3D 动画制作艺术

7

本课学习时间：16 课时

学习目标：熟悉 3ds Max 基础动画设置，掌握 3ds Max 路径动画设置，了解 CS 角色动画设置全过程

教学重点：关键帧动画，路径动画设置，角色动画制作流程

教学难点：CS 角色动画设置感觉

讲授内容：凳子上跳动的小球，路径动画制作实例

课程范例文件：\chapter7\动画制作.rar

经过前面几章的学习，已经对三维角色的建模、贴图有了一定的了解。接下来就全面接触三维动画制作方面的知识，了解动画设置的基础知识，熟悉一些制作动画的基本工具，掌握基础的动画制作技巧，对物体进行轨迹、变形、修改，理解 Track View 轨迹编辑器的功能。

本章课程总览

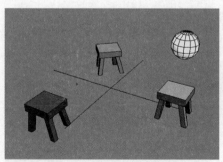

案例一　凳子上跳动的小球

案例二　路径动画实例

7.1　凳子上跳动的小球

知识点：时间滑块，关键帧动画设置，曲线编辑器

图 7-1

知 识 点 提 示

动画概念

　　动画以人类视觉的原理为基础。如果快速查看一系列相关的静态图像，那么我们会感觉到这是一个连续的运动。每一个单独图像称之为帧。

时间刻度上的按钮

　　:设置关键点，或按〈K〉键，在 Set Key 模式下创建动画关键点。

　　Auto Key（自动键模式）：打开或关闭制作动画关键帧的状态。当按钮呈红底白字时，代表进入了编辑动画关键帧的状态，此时移动时间滑块，将生成关键帧。

　　这是制作 3ds Max 动画的第一个样例，主要介绍自动设置关键帧动画和简单的轨迹视窗操作，让读者对三维动画有个简单的了解。

　　在制作动画前，需要了解动画控制项。这些项目都在 3ds Max 的视图区下面。

　　（1）时间滑块：时间滑块提供了一种在动画中各帧之间切换的简易操作，用户可以在时间刻度上任意拖动。时间滑块按钮显示了当前帧、总的帧数，如图 7-2 所示。

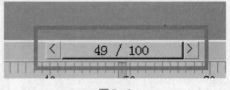

图 7-2

　　（2）时间刻度：在时间滑块的下方就是时间刻度，每个刻度显示动画的 1 帧，如图 7-3 所示。

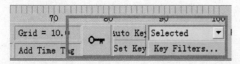

图7-3

（3）关键帧设定按钮："Key"即"关键帧"，是动画制作中的术语，1帧就是指一幅动画画面。而在动画时间轴上显示了整个动画的时间长度、时间范围以及创建和编辑关键帧的操作。关键帧的设定按钮是3ds Max进行动画制作的基础，在进行角色动画制作时大部分都是关键帧动画，如图7-4所示。

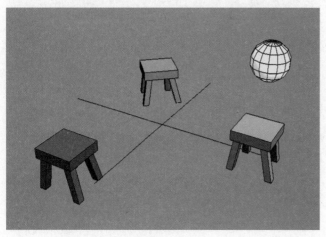

图7-4

01

在视图中创建1个球体和3个小凳子，如图7-5所示。

图7-5

02

单击动画控制区中的Auto key按钮，进入动画录制状态，然后将时间滑块拖到第20帧的位置上，如图7-6所示。

Set Key（Set Key模式切换开关）：启用后可按照关键点过滤器指定的方式为选定的对象设置关键帧，用来帮助实现Pose to Pose（姿态到姿态）的动画。Pose to Pose的动画需要在指定的帧中，一旦一个角色被正确地摆好姿势，所有可动画的轨迹需要被记录关键帧。这将会创建一个该角色的快照。如果在其他的时间点上，角色被修改，该快照不会受到影响。在Pose to Pose的动画中，先要设置角色姿态的关键帧，然后在它们之间进行工作，调整插值和在需要的地方添加关键帧。如果角色的所有可动画的轨迹被记录了关键帧，在关键帧之间进行工作将不会破坏任何一个姿势。

Key Filters（设置帧过滤器）：单击该按钮，将弹出"设置帧过滤器"对话框，进行帧过滤设置，可以选择自己所需的动作进行选择。例如在对话框中只够选旋转项，则动画只会记录该对象的旋转变化属性，而对于其他诸如位置、缩放等的属性则不作记录。

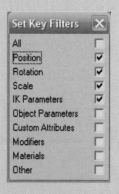

（展开按钮）：用于打开Track View（路径视窗）。

：关键点切入方式。

播放按钮

在动画设置过程中需要精确制定时间滑块的位置，或者播放动作，这就需要用到播放按钮。

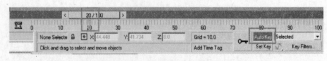

图 7-6

03

在场景中选定球体造型，然后把小球拖到如图 7-7 所示的位置。可以看到在时间滑块下面的 20 帧处出现了一个红色小方格，它表明了第 20 帧已经成为了关键帧，如图 7-8 所示。

: 单击该按钮将会把动画移动到第一帧的画面。

: 将动画向前推一帧。

: 将动画向后推一帧

: 用于动画的播放和停止。

: 单击该按钮将会把动画移至最后一帧的画面。

: 单击该按钮后呈蓝色。

在对象被选中的状态下，配合按钮和按钮的使用可以移至该对象的上一个或者是下一个关键帧。

（当前帧显示框）: 用于显示当前帧的位置。在栏中输入数字后，可以直接到达该帧。

: 单击该按钮后显示"时间设置"对话框，可用于动画格式、长度和播放速率的设置。

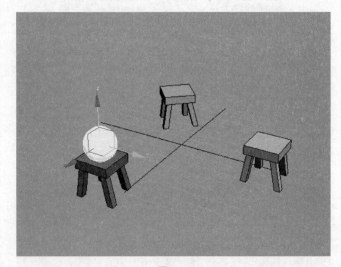

图 7-7

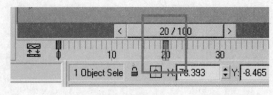

图 7-8

04

将时间滑块拖动到第 50 帧的位置上，在视图中将球体造型移动到后方的凳子上，如图 7-9 所示。同样，在第 50 帧的位置出现一个红色的小长方格，说明在第 50 帧也将刚才所做的动作设置了关键帧。

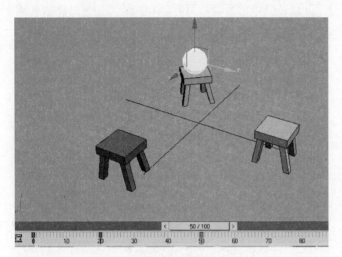

图 7-9

05

将时间滑块拖动到第 100 帧,把圆球移回到起始的
凳子上,在第 100 帧的位置出现一个红色的小长方格,如
图 7-10 所示。

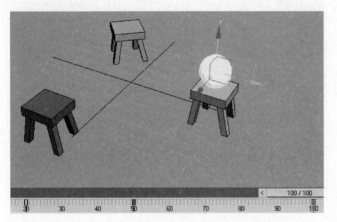

图 7-10

06

再次单击 Autokey 按钮,退出动画编辑状态。单击
▶ 按钮,播放场景动画。可以看到球体造型在 0 帧到第
100 帧的时间内不断地运动。这就是最简单的动画制
作。把球体的位置变化以关键帧的形式记录下来,从而
生成了这段球体运动的动画。

Frame rate(帧率):选项区用
于设定动画的各种格式。

NTFS:用于设置每秒 30 帧
动画。

PAL:用于设置每秒 25 帧
动画。

Film(电影):用于设置每秒 24
帧动画。

Custom(自定义):选择该选项
后,在其下方框中设置每秒的动画
帧数。

Time display(时间显示):选
项区用于设定时间滑块中时间显
示方式。

Playback(播放):选项区用于
设置动画播放的速率和播放方式。

Real time(实时):选中该选项
后,实现动画的实时播放。

Active Viewport only(仅当前
活动视窗):选择该选项后,动画只
在激活的视图中播放。

Loop(循环):实现动画的循环
播放。

Speed(速度):用于设定动画
的播放速度。

Direction(方向):用于设定循
环播放的方向。

Animation(动画):选项区用于
进行动画的时间设置,其中:

Start time(开始时间):设置动
画开始播放的时间。

End time(结束时间):设置动
画结束播放的时间。

Length(长度):设置动画的播
放时间长度,也就是(结束时间)与
(开始时间)之差。

Frame count:设置动画总
帧数。

Current time(当前时间):设置
动画的当前时间。

Re-scale Time(重缩放时间):
单击该按钮,弹出"重缩放时间"对

话框,在该窗口中可以根据新的时间设定值对原先的动画时间进行拉伸或者是压缩,使得所有的关键帧都会重新放到新的位置,从而使得原先的动画变慢或者变快。

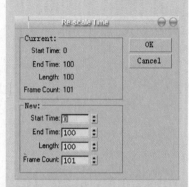

轨迹编辑器按钮

(过滤器):单击该按钮,将显示"过滤器"对话框,该对话框用于设置各种动画相关项的显示与隐藏。

(移动帧):可以水平或垂直移动选定的关键帧到其他位置上。

(滑动帧):可以水平移动选定的关键帧到其他位置。

(缩放关键帧):用于水平缩放关键帧。

(缩放关键帧):用于垂直缩放关键帧。

(增加帧):增加关键帧。

(绘制曲线):用于画出一

从动画中可以看到,球体只是在三点之间简单地来回做匀速直线运动。

07 曲线编辑器

创作角色动画的时候,有时需要精确设置场景中无法看到的值,例如动画帧的具体数值、物体的运动轨迹等,在这种情况下就要用到轨迹编辑器。

轨迹视图分为 2 个专门的编辑器——曲线编辑器(图 7-11a)和 Dope Sheet 预测表(图 7-11b)。

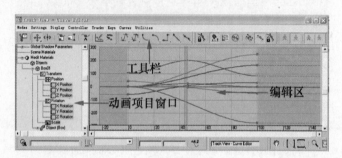

(a) 曲线编辑器

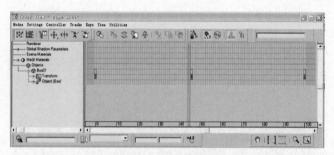

(b) Dope Sheet 预测表

图 7-11

(1) Track View(路径视窗):是进行动画创建的重要窗口。在该视窗中不仅可以灵活地编辑动画,还可以直接创建动作,对动作的发生时间、持续时间、运动状态都可以进行设置。可以通过单击工具栏上的按打开。打开 Track View 的功能曲线窗口,它专门针对函数进行编辑,得能够快速和方便地调节动画曲线。

(2) 动画项目窗口:位于 Track View 窗口的最左侧,包括场景中的所有对象、材质内容和环境设置。窗口中的列表是以层次方式显示的。

(3) 显示控制工具位于 Track View 窗口的右下方,

是控制编辑窗口显示的工具。

（4）编辑区：编辑区可提供用户移动、复制和修改动画关键帧的属性。

（5）工具栏：位于 Track View 窗口的最上方，提供控制编辑模式和编辑关键帧的按钮。

还有一个迷你型的曲线编辑器在时间刻度上，即轨迹编辑器，它能够显示当前场景的所有详细资料，包括所有参数和关键点。使用轨迹编辑器能够精确编辑关键点的范围，可以使用函数曲线来控制动画，如图 7 - 12 所示。

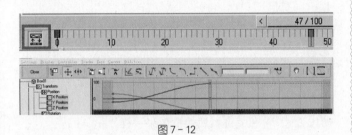

图 7 - 12

08　打开轨迹编辑器视窗

进入 Track View 视窗对动画进行调整，使其进行复杂的运动。执行 Graph Editors→Track View - Curve Editor 命令，如图 7 - 13 所示，展开它下面的选项，选取球体的 Position 移动选项。

图 7 - 13

打开窗口，单击 🔍 按钮找到球物体 Transform→Position 移动选项，如图 7 - 14 所示。注意，移动选项有 X、Y、Z 三个方向。

条含有关键帧的曲线。绘制曲线工具可以用鼠标在编辑窗口直接画一条曲线，然后对曲线进行简化和细化。选择一条或多条轨迹，然后从工具条中选择绘制曲线工具在编辑窗口中自由绘制。可以重复绘制，并可在任何时候前后涂抹进行矫正。

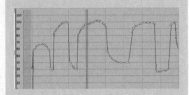

🔧（删除帧）：曲线基本合适后，只需单击减少键按钮，在弹出的对话框中设定阈值，曲线将被整理，并可以被手动调整。

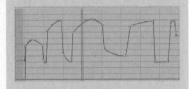

√（自动切线方式）：它同时与前后相邻的关键帧作用。

√（贝塞尔曲线切入方式）：关键点两端的曲线以贝塞尔曲线的形式切入，可以使用贝兹控制柄任意调整曲线造型。

↖（减量切入方式）：选择此种上切入方式后，物体在 2 个关键点之间做减量运动。

↗（增量切入方式）：选择这种插入方式，物体在 2 个关键点之间做增量运动。

↲（跳跃切入方式）：此种方式将关键点两边的轨迹曲线以直角折线方式切入，物体的运动状态是跳跃，中间没有任何平滑过渡，产生突变效果。

（直线的切入方式）：物体在2个关键点之间的运动轨迹为直线，物体在2个关键点之间做均速运动。

（缺省曲线方式）：在设定了关键点后，根据关键点的位置来随机确定点两边的切入角曲线。

（锁定选择）：锁定所选择的关键帧。

（捕捉帧）：单击该按钮后，对所选择的帧进行缩放或移动的时候，它们都会被限制在最近的两个端点帧之间。

（超出范围参数曲线类型）：单击该按钮，在打开的对话框中选择超出范围时的参数曲线。

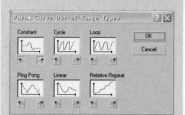

Constant：一般方式，没有循环。

Cycle（循环）：到动作结束时循环。

Loop（重复循环）：在开始点和结束点之间会插入一些点，使曲线比较平滑。

Ping Pong：反向循环动作。

Linear：动作循环，并线形衰减。

Relative Repeat：按照开始值和结束值的比例差重复的增加偏移量。

（显示可编辑关键帧图标）：在可以使用关键帧的对象前标记图标。

（显示所有切线）：单击该按钮，显示所有关键帧处的切线。

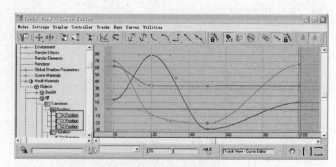

图 7 - 14

09

在右边的项目窗口选中 Xposition，在编辑窗口中用鼠标右键单击第一个关键帧，在弹出的关键帧属性对话框中选择关键帧的切入方式，如图 7 - 15 所示。注意，也可以选择关键点后，选择上面主工具栏上的几种红色的切入方式，它和关键帧属性框效果一样。

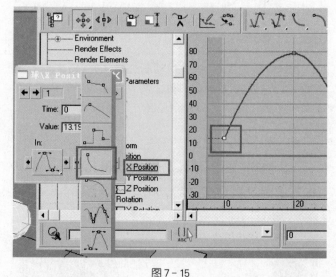

图 7 - 15

10

同上面方法，在 Xposition 状态下，在编辑窗口中用鼠标右键单击第二个关键帧，在弹出的关键帧属性对话框中把切入方式修改为如图 5 - 30 所示的方式。最后得到 X 方向的曲线，如图 7 - 16 所示。

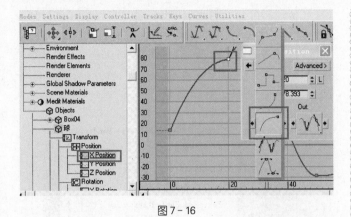

图 7-16

11

单击 Yposition,同上面的操作,在编辑窗口关键帧属性对话框中对关键帧的切入方式进行选择,如图 7-17 所示。

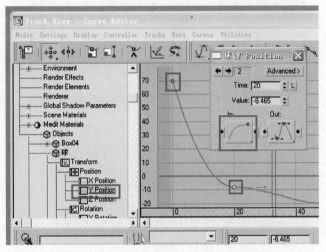

图 7-17

12

这时播放一下场景动画,可以看到球体从第一个凳子运动到第二个凳子时不再是匀速运动,而是先快后慢,运动速度不断降低。这就是修改关键帧切入方式的效果。在 3ds Max 中一共提供了 6 种不同的关键帧切入方式。

13

动画制作完成后,为了更准确地观察动画,可以按播放键进行动画的播放预览。有时受所制作的模型的影

（显示切线）:单击该按钮显示被选中关键帧的切线。

（锁定切线）:锁定所选择的关键帧的切线。

（平移）:平移曲线编辑窗口。

（水平最大化显示）:将编辑曲线在窗口的水平方向上最大化显示。

（垂直最大化显示）:将编辑曲线在窗口的垂直方向上最大化显示。

（缩放轨迹窗口）:可以在水平和垂直方向上缩放曲线编辑窗口。

（区域放大）:对拖动出的区域进行放大显示。

（软选择）:编辑的曲线使用软选择可以通过对键点缩放和滑动来按比例影响邻近的其他键点。

从 Keys 菜单中选择软选择设置命令可以打开软选择工具条。默认是固定在编辑器窗上的,也可以是浮动的窗口的上面或下面。

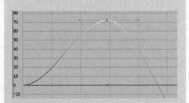

激活软选择时,在被选择的键附近的曲线颜色为渐变色。

工具条上可以使用 Soft 按钮激活或禁止软选择,设定范围(以帧为单位前后的量)和衰减量。

响,或各种不可预见的原因导致不能顺畅播放预览,可以通过生成播放文件的方式对动画进行预览。其操作步骤如下:执行 Animation(动画)→Make Preview(制作预览)命令,如图 7－18 所示。弹出如图 7－19 所示的 Make Preview(生成预视动画)对话框。

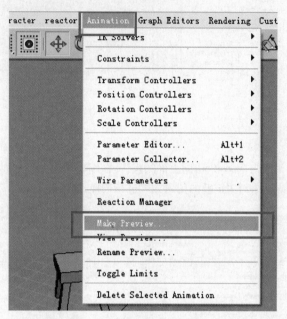

图 7－18

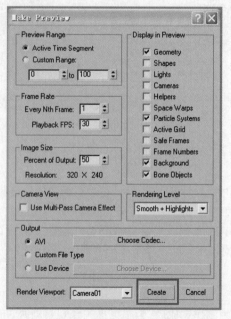

图 7－19

如图 7 - 19 所示设置好各项参数后，单击 Create 按钮进行渲染。3ds Max 会将当前在视图上显示的画面渲染下来，生成一个动画，如图 7 - 20 所示。

图 7 - 20

生成动画后，3ds Max 会自动播放。如果不能播放的话，3ds Max 默认将渲染文件放在 3ds Max 程序下的 previews 文件夹内，如图 7 - 21 所示。

图 7 - 21

7.2 路径动画制作实例

知识点:路径约束,路径注视,变形路径

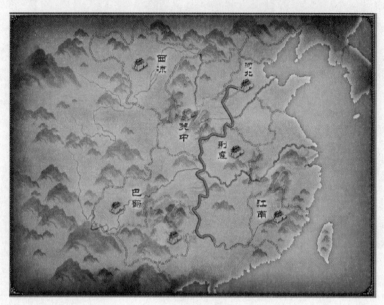

图7-22

01 路径约束运动控制器

这个实例讲解运动控制面板下路径限制运动控制器的用法,如图7-23所示。

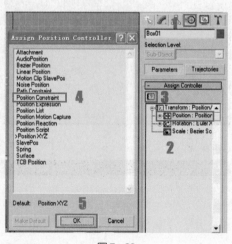

图7-23

执行 File（文件）→Reset（重设）命令，恢复 3ds Max 的默认设置，如图 7-24 所示。

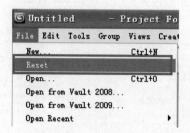

图 7-24

在场景中创建一个五角星作为运动对象，一个二维圆形作为物体的运动路径，如图 7-25 所示。

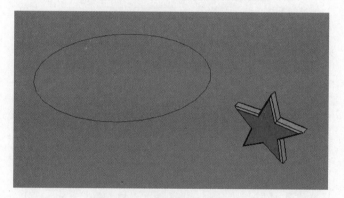

图 7-25

单击命令面板上的运动命令按钮，如图 7-26 所示。

确定五角星处于选择状态，展开运动面板上的 Assign Controller（分配控制器）卷栏，选择 Position（位置）选项，如图 7-27 所示。

图 7-26

图 7-27

（运动面板）：包含有为了使用变换控制器的特殊工具。"运动"面板包含许多同样的控制器功能，例如"曲线编辑器"、加号控制以使用 IK 解算器这样的特殊控制器。

路径约束

路径约束会对一个对象沿着样条线或在多个样条线间的平均距离间的移动进行限制。

路径目标可以是任意类型的样条线。样条曲线（目标）为约束对象定义了一个运动的路径。目标可以使用任意的标准变换、旋转、缩放工具设置为动画。以路径的子对象级别设置关键点，如顶点或分段，虽然这影响到受约束对象，但可以制作路径的动画。

几个目标对象可以影响受约束的对象。当使用多个目标时，每个目标都有一个权重值，该值定义它相对于其他目标影响受约束对象的程度。

对多个目标使用权重是有意义的（可用的）。值为 0 时意味着目标没有影响。任何大于 0 的值都会引起目标设置相对于其他目标的"权重"影响受约束的对象。例如，权重值为 80 的目标将会对权重值为 40 的目标产生 2 倍的影响。

路径约束面板参数

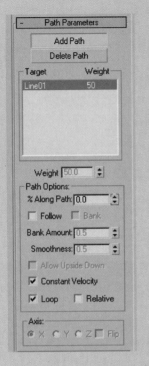

Add Path（添加路径）：添加一个新的样条线路径使之对约束对象产生影响。

Delete Path（删除路径）：从目标列表中移除一个路径。一旦移除目标路径，它将不再对约束对象产生影响。

Weight（权重）：为每个目标指定并设置动画。

% Along Path（沿路径）：设置对象沿路径的位置百分比。

Follow（跟随）：在对象跟随轮廓运动同时将对象指定给轨迹。

Bank（倾斜）：当对象通过样条线的曲线时允许对象倾斜（滚动）。

Bank Amount（倾斜量）：根据这个量是正数或负数，倾斜从一边或另一边开始。

Smoothness（平滑度）：控制对象在经过路径中的转弯时翻转角度改变的快慢程度。较小的值使

单击 Assign Controller 卷栏上的按钮，打开 Assign Position Controller（指定位置控制器）对话框，选择 Path Constraint（路径限制）选项，如图 7－28 所示。

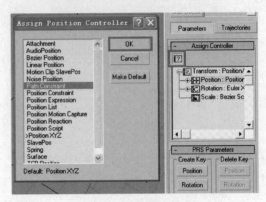

图 7－28

单击 Add path 按钮，然后选择场景中的二维圆形作为运动路径，可以看到路径加入到了列表框中，如图 7－29 所示。

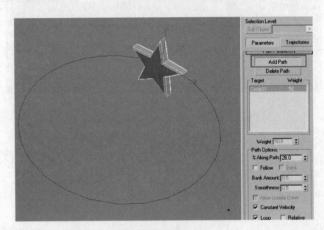

图 7－29

单击动画控制区的 ▶ （播放）按钮，可以看到五角星沿着路径作圆形运动，这就是为五角星添加控制器的效果。

02　注视限制运动控制器

再为这个案例中的物体旋转加上注视限制控制器，使得五角星在沿路径移动的同时，方向朝着一个物体，如图 7－30 所示。

在这场景里面新建一个方块体，如图 7－31 所示。

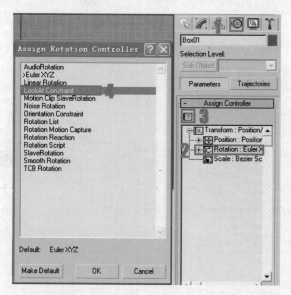

图 7-30

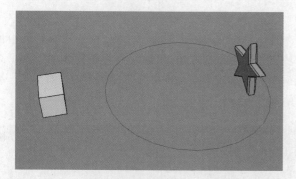

图 7-31

单击命令面板上的运动命令按钮,进入运动命令面板,展开运动面板上的 Assign Controller 卷栏,选择 Rotation(旋转)选项,如图 7-32 所示。

图 7-32

对象对曲线的变化反应更灵敏,而较大的值则会消除突然的转折。当值小于 2 时,使动作不平稳;值在 3 附近时,对模拟出某种程度的真实的不稳定很有效果。

Allow Upside Down(允许翻转):启用此选项可避免在对象沿着垂直方向的路径行进时出现翻转的情况。

Constant Velocity(恒定速度):沿着路径提供一个恒定的速度。禁用此项后,对象沿路径的速度变化依赖于路径上顶点之间的距离。

Loop(循环):默认情况下,当约束对象到达路径末端时,它不会越过末端点。循环选项会改变这一行为,当约束对象到达路径末端时会循环回起始点。启用此项,保持约束对象的原始位置。对象会沿着路径同时有一个偏移距离,这个距离基于它的原始世界空间位置。

Ralative(激活):激活某个轴(X/Y/Z)。允许选中的对象沿激活路径设置动画。

Axis(轴组):定义对象的轴与路径轨迹对齐。

Flip(翻转):启用此项来翻转轴的方向。

LookAt Constraint 注视约束

注视约束会控制对象的方向,使它一直注视另一个对象,同时它会锁定对象的旋转度使对象的一个轴点朝向目标对象。注视轴点朝向目标,而上部节点轴定义了轴点向上的朝向。如果这 2 个方向一致,结果可能会产生翻转的行为。这与指定一个目标摄影机直接向上相似。

使用注视约束的一个例子是将角色的眼球约束到点辅助对象,然后眼睛会一直指向点辅助对象。对点辅助对象设置动画,眼睛会跟随它,即使旋转了角色的头部,眼睛会保持锁定于点辅助对象。

注视路径面板参数

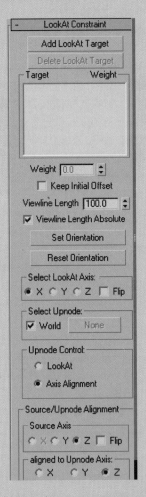

Add LookAt Target(添加朝向目标):用于添加影响约束对象的新目标。

Delete LookAt Target(删除朝

单击 回 按钮,打开控制器选择窗口,选择 LookAt Constraint(注视限制)选项,如图 7-33 所示。

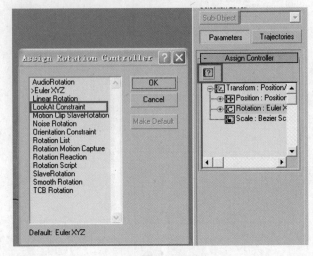

图 7-33

选中 Add LookAt Target 选项,然后选择场景中的方块物体作为注视对象,可以看到方块物体加入到了列表框中。再选定轴向,确定五角星的状态,如图 7-34 所示。

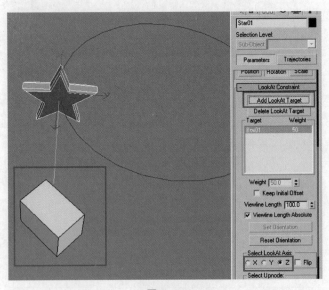

图 7-34

单击动画控制区的播放按钮,可以看到五角星沿着路径作圆周运动的同时也朝向方块旋转,这就是为五角星添加注视限制控制器的效果。

还可以调整方块的位置,可以看到五角星随着注视物体的状态的改变而改变朝向,如图 7-35 所示。

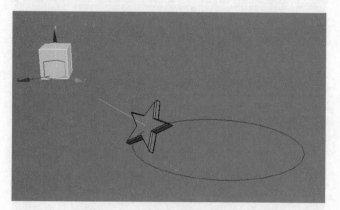

图 7-35

03 路径运动变形修改器

还可以通过修改命令使物体沿着路径运动,在运动中随着路径变形,比如在地图上从某地走到某地的示意图。下面将制作从河北走到江南的示意图,如图 7-36 所示。

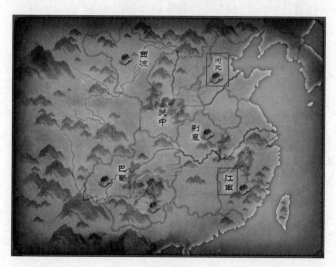

图 7-36

将图片导入到 3ds Max 的 Front(前)视图中,使用画线工具沿着驿路绘制线条,如图 7-37 所示。

创建一个圆柱体,参数设置如图 7-38 所示。

向目标):用于移除影响约束对象的目标对象。

Weight(权重):用于为每个目标指定权重值并设置动画。仅在使用多个目标时可用。

Keep Initial Offset(保持初始偏移):将约束对象的原始方向保持为相对于约束方向上的一个偏移。

Viewline Length(视线长度):定义从约束对象轴到目标对象轴所绘制的视线长度(或者在多个目标时为平均值)。值为负时,会从约束对象到目标的反方向绘制视线。

Viewline Length Absoute(视线绝对长度):启用此选项后,仅使用视线长度设置主视线的长度,约束对象和目标之间的距离对此没有影响。

Set Orientation(设置方向):允许对约束对象的偏移方向进行手动定义。

Reset Orientation(重置方向):将约束对象的方向设置回默认值。如果要在手动设置方向后重置约束对象的方向,该选项非常有用。

Select LookAt Axis(选择注视轴):用于定义注视目标的轴。

Select Upnode(选择上部节点):默认上部节点是世界。

Upnode Control(上部节点控制)组:允许在注视上部节点控制器和轴对齐之间快速翻转。有 2 选项。个

LookAt(注视):在选中此项时上部节点与注视目标相匹配。

Axis Alignment(轴对齐):选中此项时上部节点与对象轴对齐。

Source/Upnode Alignment(源/上部节点对齐)组:有 2 个选项。

Source Axis(源轴):选择与上部节点轴对齐的约束对象的轴。

Aligned to Upnode Axis(对齐到上部节点轴):选择与选中的原轴对齐的上部节点轴。注意所选中的源轴可能会也可能不会与上部节点轴完全对齐。

Path Deform 路径变形修改器

"路径变形修改器"根据图形、样条线或 NURBS 曲线路径变形对象。

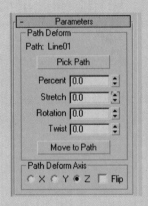

Path Defrom(路径变形)组

提供拾取路径、调整对象位置和沿着路径变形的控件。

Path(路径):显示选定路径对象的名称。

Pick Path(拾取路径):单击该按钮,然后选择一条样条线或 NURBS 曲线以作为路径使用。

Percent(百分比):根据路径长度的百分比,沿着 Gizmo 路径移动对象。

Stretch(拉伸):使用对象的轴点作为缩放的中心,沿着 Gizmo 路径缩放对象。

Rotation(旋转):沿着 Gizmo 路径旋转对象。

图 7-37

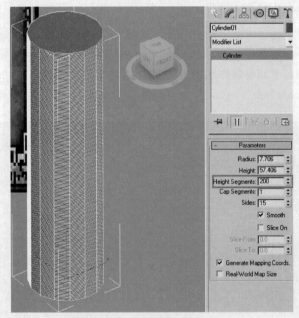

图 7-38

确认刚选中的圆柱体处于选中状态,进入修改命令面板,单击下拉按钮,在弹出的下拉列表框中选择 Path Deform(路径变形)选项,为圆柱体添加路径变形修改命令,如图 7-39 所示。

单击路径变形属性面板中的选择图形按钮,在场景中选择刚才绘制的地图曲线造型,如图 7-40 所示。

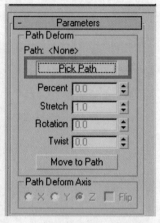

图 7-39　　　　　　　　　图 7-40

再单击面板上的 Pick Path 按钮,将圆柱体移到路径上,并调整对应的轴向和旋转的角度,得到圆柱体在地图曲线上且沿着路径变形的造型,如图 7-41 所示。

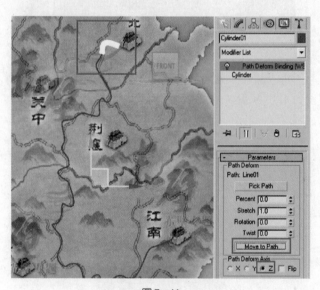

图 7-41

进入动画录制状态,如图 7-42 所示。

图 7-42

Twist(扭曲):沿着路径扭曲对象。

Move to Path(转到路径):将对象从其初始位置转到路径的起点。

Path Deform Axis(路径变形轴)组

X/Y/Z:选择一条轴以旋转 gizmo 路径,使其与对象的指定局部轴相对齐。

Flip(翻转):使对象翻转。

其他运动控制器

在 3ds Max 中除了以上用到的运动控制器外,还有几种运动控制器:

1. 贝塞尔曲线控制器

3ds Max 默认的控制器,通过调整函数曲线来改变动画效果。

2. noise position(噪音位置)控制器

添加这个控制器的物体将产生随机的动画效果。

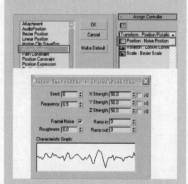

Seed(种子):产生噪音的种子。

Frequency（频率）：决定物体的变化频率。数值越大，变化越大。

Roughness（粗糙度）：决定物体变化的混乱度。数值越大，变化越混乱。

Position XYZ（XYZ 位置控制器）：可以将物体的位置控制项目分离为 X、Y、Z 轴向的 3 个独立项目，并可以为每个轴向指定其他控制器。

（Scale Expression）（缩放表达式）控制器：可以通过表达式控制物体的大小，在该对话框中可编写用于相关参数设置的表达式。

生成预视动画对话框参数

Preview range（预览范围）选项区：用于设置动画播放的范围

Display in Preview（预览中显示）选项区：用于选择在播放时显示的对象属性。

Frame rate（帧率）：设置动画播放速率。

Image size（图像大小）：用于设置动画播放时的图像大小。

Output（输出）：用于设置输出的动画格式。

Render Preview（渲染视图）：用于指定对那个视图进行动画播放。

将时间滑块拖到第 100 帧位置，在场景中选择圆柱造型，如图 7－43 所示。

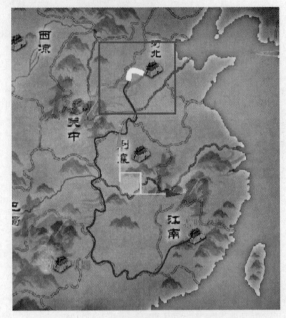

图 7－43

进入路径变形属性面板，将 Percent（百分比）的数值设为 100，如图 7－44 所示。

图 7－44

播放动画，可以看到圆柱沿着"路径"运动。这段路径从河北走到江南，如图 7－45 所示。

再制作一段从河北到江南的示意图。先将时间滑块拉到第 1 帧，如图 7－46 所示设置参数。

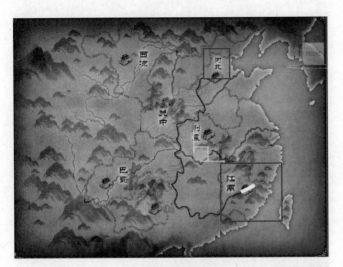

图 7-45

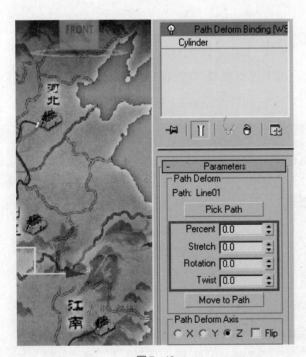

图 7-46

　　进入动画录制状态。将时间滑块拖到第 100 帧位置,在场景中选择圆柱造型。打开路径变形属性面板,将 Stretch(拉伸)项的数值改为 20,可以看到圆柱差不多延伸到江南了,如图 7-47 所示。

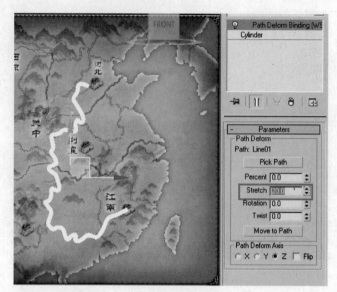

图 7 - 47

04

最后播放动画,可以看到线条一直从河北延伸到江南,如图 7 - 48 所示。

图 7 - 48

3ds Max

动漫三维项目制作教程

总结

在本章中通过实例学习了 3ds Max 的基础关键帧动画的设置和曲线编辑器的用法,学习了几类路径动画的设置方法。通过几个动画设置实例学习了运动控制面板的基本操作和一些技巧,掌握了其创建、设置动作的全过程。制作角色动画的过程不是机械的运用软件的过程,关键是对一些动作的理解和思考。在制作动作时,要特别对一些小细节要留意,有时这些小细节就是动作流畅自然的保证。

课后练习

❶ 以下( )修改命令适合制作路径动画。

A. Bend   B. Physique   C. Flex   D. Path Deform

❷ 以下( )方式是贝塞尔曲线切入方式:即关键点两端的曲线以贝塞尔曲线的形式切入,可以使用贝兹控制柄任意调整曲线造型。

A. [图]   B. [图]   C. [图]   D. [图]

❸ ( )论述命令的说法是错误的。

A. [图]:单击按钮,弹出"时间设置"对话框,可用于动画格式、长度和播放速率的设置。

B. Re-scale Time (重缩放时间):单击按钮,弹出"重缩放时间"对话框,在该窗口中可以根据新的时间设定值对原先的动画时间进行拉伸或者压缩,使得所有的关键帧都会重新放到新的位置,从而使原先的动画变慢或者变快

C. [图](减量切入方式):选择此种方式后,物体在 2 个关键点之间做减量运动。

D. [图](超出范围参数曲线类型):单击按钮,在打开的对话框中选择超出范围时的参数曲线。

❹ 在图 7-49 上制作从咸阳到邯郸再到无锡的路径动画。

图 7-49

全国信息化工程师— NACG 数字艺术人才 培养工程简介

一、工业和信息化部人才交流中心

工业和信息化部人才交流中心（以下简称中心）是工业和信息化部直属的正厅局级事业单位，是工业和信息化部在人才培养、人才交流、智力引进、人才市场、人事代理、国际交流等方面的支撑机构，承办工业和信息化部有关人事、教育培训、会务工作。

"全国信息化工程师"项目是经国家工业和信息化部批准，由工业和信息化部人才交流中心组织的面向全国的国家级信息技术专业教育体系。NACG 数字艺术人才培养工程是该体系内针对数字艺术领域的专业教育体系。

二、工程概述

- ■ 项目名称：全国信息化工程师—NACG 数字艺术才培养工程
- ■ 主管单位：国家工业和信息化部
- ■ 主办单位：工业和信息化部人才交流中心
- ■ 实施单位：NACG 教育集团
- ■ 培训对象：高职、高专、中职、中专、社会培训机构

现代艺术设计离不开信息技术的支持，众多优秀的设计类软件以及硬件设备支撑了现代艺术设计的蓬勃发展，也让艺术家的设计理念得以完美的实现。为缓解当前我国数字艺术专业技术人才的紧缺，NACG 教育集团整合了多方资源，包括业内企业资源、先进专业类院校资源，经过认真调研、精心组织推出了 NACG 数字艺术 & 动漫游戏人才培养工程。NACG 数字艺术人才培养工程以培养实用型技术人才为目标，涵盖了动画、游戏、影视后期、插画/漫画、平面设计、网页设计、室内设计、环艺设计等数字艺术领域。这项工程得到了众多高校及培训机构的积极响应与支持，目前遍布全国各地的 300 多家院校与 NACG 进行教学合作。

经过几年来自实践的反馈，NACG 教育集团不断开拓创新、完善自身体系，积极适应新技术的发展，及时更新人才培养项目和内容，在主管政府部门的领导下，得到越来越多合作企业、合作院校的高度认可。

三、工程特色

NACG 数字艺术才培养工程强调艺术设计与数字技术相结合,跟踪业界先进的设计理念与技术创新,引入国内外一流的课程设计思想,不断更新完善,成为适合国内的职业教育资源,努力打造成为国内领先的数字艺术教育资源平台。

NACG 数字艺术才培养工程在课程设计上注重培养学生综合及实际制作能力,以真实的案例教学让学生在学习中可以提前感受到一线企业的要求,及早弥补与企业要求之间存在的差距。NACG 实训平台的建设让学生早一步进入实战,在学生掌握职业技能的同时,相应提高他们的职业素养,使学生的就业竞争力最大限度地得以提高。

NACG 教育集团通过与院校在合作办学、合作培训、学生考证、师资培训、就业推荐等方面的合作,帮助学校提升办学质量,增强学生的就业竞争力。

四、与院校的合作模式

- 数字艺术专业学生的培训 & 考证
- 数字艺术专业教材
- 合作办学
- 师资培训
- 学生实习实训
- 项目合作

五、NACG 发展历程

- NACG 自 2006 年 9 月正式发布以来,以高品质的课程、优良的服务,得到了越来越多合作院校的认可
- 2007 年 1 月获得包括文化部、教育部、广电总局、新闻出版总署、科技部在内的十部委扶持动漫产业部级联席会议的高度赞赏与认可,并由各部委协助大力推广

- 2007 年 5 月在上海建立了动漫游戏实训中心
- 2007 年 9 月受上海市信息委委托开发动漫系列国家 653 知识更新培训课程,出版了一系列动漫游戏专业教材
- 2008 年与合作院校共同开发的"三维游戏角色制作"课程被评为教育部高职高专国家精品课程
- 2009 年 8 月出版了系列动漫游戏专业教材
- 2009 年 9 月 NACG 开发的"数码艺术"系列课程通过国家信息专业技术人才知识更新工程认定,正式被纳入国家信息技术 653 工程
- 2010 年 10 月纳入工业和信息化部主管的"全国信息化工程师"国家级培训项目
- 截至 2012 年 3 月,合作院校达到 300 多家
- 截至 2012 年 3 月,和教育部师资培训基地合作,共举办 20 期数字艺术师资培训,累计培训人数达 1 200 多人次,涉及动画、游戏、影视特效、平面及网页设计等课程
- 截至 2012 年 3 月,举办数字艺术高校技术讲座 260 余场、校企合作座谈会 60 多场
- 2012 年 5 月,组编"工信部全国信息化工程师—NACG 数字艺术人才培养工程指定教材/高等院校数字媒体专业'十二五'规划教材",由上海交通大学出版社出版

六、联系方式

全国服务热线:400 606 7968 或 02151097968
官方网站:www. nacg. org. cn
Email:info@nacg. org. cn

全国信息化工程师——NACG数字艺术人才培养工程培训及考试介绍

一、全国信息化工程师——NACG数字艺术水平考核

全国信息化工程师水平考试是在国家工业和信息化部及其下属的人才交流中心领导下组织实施的国家级专业政府认证体系。该认证体系力求内容中立、技术知识先进、面向职业市场、通用知识和动手操作能力并重。NACG数字艺术考核体系是专业针对数字艺术领域的教育认证体系。目前全国有近300家合作学校及众多数字娱乐合作企业，是目前国内政府部门主管的最权威、最专业的数字艺术认证培训体系之一。

二、NACG考试宗旨

NACG数字艺术人才培养工程培训及考试是目前数字艺术领域专业权威的考核体系之一。该认证考试由点到面，既要求学生掌握单个技术点，更注重实际动手及综合能力的考核。每个科目均按照实际生产流程，先要求考生掌握具体的技术点（即考核相应的软件使用技能）；再要求学生制作相应的实践作品（即综合能力考，要求考生掌握宏观的知识），帮助学生树立全局观，为今后更高的职业生涯打下坚实基础。

三、NACG认证培训考试模块

学校可根据自身教学计划，选择NACG数字艺术人才培养工程下不同的模块和科目组织学生进行培训考试。

由于培训科目不断更新，具体的培训认证信息请浏览www.nacg.org.cn网站。

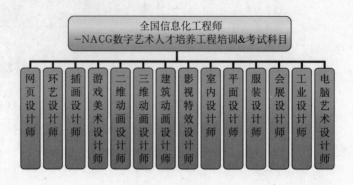

四、证书样本

通过考核者可以获得由工业和信息化部人才交流中心颁发的"全国信息化工程师"证书。

五、联系方式

全国服务热线：400 606 7968 或 02151097968

官方网站：www.nacg.org.cn

Email：info@nacg.org.cn